よみがえれ！大和橘
～絶滅の危機から再生へ～

白－tsukumo－　和菓子「花橘」開花すると…（p108～）

大和橘の葉のストリケッティ

冷静パスタ

大和肉鶏と大和橘のリゾット

シャーベット

ズッコット

チョコレートと生キャラメル

大和橘のお酒

リストランテ　ボルゴ・コニシ　大和橘をコースで（p113～）

メニュー①

メニュー②

アコルドゥ（p119～）

御菓子司　本家菊屋「橘ほの香」(p127 ～)

やまと薬膳　オオニシ恭子先生 (p99～)

はじめに

橘（大和橘）はいま、環境省レッドリストの準絶滅危惧種であり希少の植物であるが、その歴史、神話、伝承、伝説、文化では深く豊かな森を持ち、人はそこに誘い込まれ彷徨することになる。

奈良は周知のように、神話や伝承、文化財や史跡の宝庫であり、美しい自然に恵まれ、かつては独自の伝統産業が栄えた豊かで魅力溢れる地域である。けれどもいま、豊かな地域資源を活かし切れず、ただ内外の観光客を受け入れ、自ら「大仏商法」と半ば自嘲的にその沈滞を自認している状況にある。しかしこの停滞から脱却し経済的産業的発展を希求する想いは、奈良県民すべてが共通してもっており、産官民学ともにその起爆剤を探し求め試行し挑戦しつづけているのもまた現実である。そのような状況の中で、今は幻の柑橘となった神秘の大和橘をよみがえらせ、奈良の「モノとコト」にしようとしているのが、なら橘プロジェクト推進協議会の活動である。

奈良では最も古い、創業１５８７年という大和郡山の和菓子屋26代目菊岡洋之は、奈良の新しい菓子の創作を考え続けていたところ、菓子の祖とされる田道間守の伝説から「大和橘」の存在を知り、やがて深い森に誘い込まれ、古事紀、日本書紀、万葉集、神話、伝承等々、奈良と橘の縁は深く、物語性に富んでいることに驚き、大和橘を素材にした和菓子をつくろうと思い立った。その話は直ぐに同じ大和郡山市の商工会の審議委員であった城健治の知るところになった。

城は元銀行マンであり農業経営も兼ねており、大和橘を奈良の地に復活し、地域資源として活用し、奈良の活気を取り戻そうとの決意と構想を固めた。早速、仲間づくりと農商工連携ファンドを利用する経済的基盤固めに動き始めた。そこへ、大阪でデザイン会社を経営するその名も橘勝彦が、販促、ブランディング、広報担当として参入し、ここに橘菓子製品づくりの前衛、菊岡、活動の基礎であるカネ（経済）とモノ（橘）をつなぐ中枢を担う城、ブレイクと拡散を図る橘という三人の侍が揃ったのである。なら橘プロジェクト推進協議会の基本構想はここで練られたのであろう。

なら橘プロジェクト推進協議会を立ち上げ、地元の仲間たちと地域活動に入った城は、公的機関の成分分析によって「不老不死」の伝説通り大和橘の素晴らしい効能がわかると、それを活かした製品づくり、そのために橘の植樹活動、奈良の神社や古刹

NARA Tachibana Project

なら橘プロジェクト
ロゴマーク

への奉納、大和橘オーナー制など、地域おこしにつなげる活動が２０１１年ごろから展開され始めた。２０１３年3月、かつて橘街道と呼ばれた奈良の古道の一角、いまは大和郡山市石川町の県道沿いに、大和郡山市長の参加も得て、集まった80人が見守る中で橘の初の植樹式が行われ、橘街道実現の第一歩が記された。

その頃、城の友人、久保田有のもとに奈良市尼ヶ辻の田んぼの耕作を任せたいという話があり、場所はまさに垂仁天皇陵の堀、田道間守の墓といわれる小島の真ん前であり、これぞ田道間守の思し召しと大和橘植樹第1号のフィールドとなった。活動に際して、久保田は橘のオーナー制を採用し、オーナーの方々に橘の管理を手伝ってもらい、収穫物を還元する仕組みを考え、Ａ4版の「橘だより」を自主発刊して、オーナーへ活動の報告を行った。その後「橘だより」は、なら橘プロジェクト推進協議会の活動報告紙となって２０２０年7月15日号で55号を迎えた。オーナー制はなら橘プロジェクト推進協議会に移譲され、城代表が管理している。

先例のない大和橘の植樹と管理、育成は、まず橘自生地の視察、県の農事試験場で接ぎ木講習を受けての技術習得によって、苗木の増産や植樹数の拡大とその管理作業など活動基盤を整備し、製品開発や広報活動にも走り回るなど、プロジェクトを軌道に乗せる地道な努力が、城とその仲間数人によってはじまったのである。

やがて活動の趣旨への賛同者、協力者が加わり、大和橘の効能の認知度も高まり、植樹数や植樹地も増え、橘オーナーも400人を越えた。実、皮、葉、花、香りのすべてが利用できるという大和橘が秘める可能性に魅かれて、和洋食、スイーツ（和洋菓子）、茶、ジュース、ビール、ジン等飲料、香水から化粧品、薬品へと、城をはじめとするなら橘プロジェクト推進協議会のメンバーはいまも夢の実現に奔走している。

なら橘プロジェクトの副会長であり、城の片腕となって、橘の植樹と育成、栽培管理など、主に農事面を担当している仲尾浩一は、城の人となりを次のように語っている。


2012年のある日、57年ぶりに偶然にも大和郡山の町内会長親睦会で、小学校の同級生，城君と再会しました、彼は発志院町の町内会長、私は白土町の町内会長として――。

その会合で城君は、参加者みんなに、大和橘を栽培し、奈良の特産みやげ品としての菓子づくりを補助金をもらって開発しようと、一緒に活動する人を盛んに勧誘し呼びかけていました。

思い出したのは小学校2、3年生のころのこと。城君から伝書バトの飼育でお金儲けができると勧められ、私も伝書バトのつがいを飼い始めました。ハトは増えつづけて60、70羽にもなり、近所からハトの糞害で迷惑がられ苦情が出るようになって、とうとう飼育を止めざるを得なかったというホロ苦い体験でした。城君は子どものころから夢追い人だったのです。

私は、町内会長の任期が終われば、再度勤めに出る予定をしていたので、橘プロジェクトへの勧誘を断りましたが、石川町の村井会長やわが村の喜多さんらは、面白い話や、と参加を表明されました。お二人とも野菜作りの上手な方で、この人たちなら強力な協力者になるだろうと思いました。

その頃、奈良中部の吉備津彦（桃太郎）誕生の地といわれる田原本町の法楽寺で、観光振興会長として盛んに活動していた私の従兄が病に倒れ、見舞いに行った病院の、すでに重い病となって横たわるベッドで、彼は地域のために尽くすボランティア活動の喜びや楽しさ、誇りを語り、私にもボランティア活動をすることを熱く勧めました。従兄は日を経ずして亡くなり、私は、従兄の遺言と感じて、橘プロジェクトの活動に関わる参加表明をしたのでした。

城君のもう一つのエピソードとして、彼が信用金庫の銀行員だったころ、筒井に住む私の叔母の家に外交マンとして訪問していたらしく、叔母が私に、「お前の話は面白くないけれど、城さんの話は夢と説得力がある。」と言ったことがありました。なるほど、彼は生来の夢追い人であり、その上に話の構成と裏付けをしっかり固めるという武器を身に着けています。奈良のこの地で、地域資源や人脈、銀行マン時代に築いたネットワークを活用しながら、夢を現実のものにしていくに違いありません。

こうしてスタートしたなら橘プロジェクト推進協議会の活動は2020年に9年目に入り、大和橘の植樹数も2000本を越え、オーナー会員400名以上、植樹奉納社寺も30社寺を越えた。本書で紹介されるが、大和橘の利用と製品化は、食、飲料、化粧品、衣類（染料）などに拡がり、その成分から認知症者のケアに利用する福祉施設も現れた。けれども、未だ奈良に大和橘ありと認知されるほど、産業・経済・文化の面に根付いているわけではなく、未だ発展途上としか言えない。橘の実の量産化や製品のブランディング、販路など、それに必要な仕組みと戦略を今後もっと考えていかねばならないだろう。

橘については、既に吉武利文氏の「橘」（1998年法政大学出版局刊）による壮大な研究業績があり、総てはその著書で語り尽くされている感があるが、それから20年。本書は大和橘の魅力に取りつかれ、奈良の地で大和橘を復活再生して、かつての活気と新しい価値を産み出そうと努力する人々の記録である。

本書は、活動の各々の分野に関わった担当者が各章を執筆した。したがって文体や用語には担当者の持ち味が出ており、あえて本書全体の文体の統一は最少に留めた。

以下の章では、第1章で大和橘に関わることによって拡がった世界を語り、第2章では、未知の大和橘の植樹と育成、増産への努力と挑戦の記録。第3章では大和橘が奈良の地域特性にどう活かされているか、第4章では、大和橘の魅力が食の世界で開花していく様相を描き、第5章では、不老不死伝説や高貴な香りで歴史を彩っている大和橘を、現代科学で分析した研究者の論考2編を収める。

なら橘プロジェクト推進協議会のメンバーたちが、ある時は地道な努力で、ある時は説得力あるプレゼンテーションによって、大和橘の存在と魅力を広めてきた。これまでの6年間から、新しい年月に向かって、より多くの人々に大和橘の魅力を伝え、理解され重宝され広く受容されて、奈良の地域資源として地域の活性化につながり、さらに日本から世界へ大和橘が飛躍、発信できるよう、本書がさらなる努力と研鑽を重ねる契機になることを願っている。

大和橘は、それに十分応え得る、わが国固有の歴史と資質と品格を備えた樹である。

（注1）大和橘の表記について、橘の学名はタチバナ、またはヤマトタチバナ、ニッポンタチバナであるが、本書では、なら橘プロジェクト推進協議会が関わる橘については「大和橘」、その他、歴史的、一般的な橘の叙述には、「橘」を用いている。
（注2）田道間守の表記について。古事記では「多遅摩毛理」、日本書紀では「田道間守」と記述されているが、本書では、タヂマモリ、または田道間守を用いている。

目次

第1章

大和橘でひろがる世界

大和橘との出会い

平成30年（2018年）7月、西日本を中心に豪雨被害が発生した。私が生まれた郷里に近い愛媛県宇和島市では、ミカン畑での被害が特に大きかった。宇和海に面した急斜面に、日本一美味しいと評判の温州ミカンが栽培され、愛媛県のミカン収穫量はかつて日本一であった。

そのミカン畑の至るところで表層崩壊がおきて、多くの人命を奪うという大災害となった。私の高校時代の友人にもミカン栽培農家が何人かいた。宇和島周辺は、全国でも有名な柑橘類の栽培地で宇和海に面した急傾斜地にあるが、その斜面の850箇所以上で崩落が起きたという。被災地の航空写真を見ると、まるで平成30年9月に発生した北海道胆振東部地震での厚真町の被災地に似た状況である。過去に類を見ない災害に、地元のミカン農家はどう立ち向かって復興をなし遂げるのか心配している。

奈良で生活を初めて40年になるが、まさか自分が海のない奈良県で柑橘類の栽培をすることになろうとは思ってもいなかった。このことを知ったら愛媛の友人たちは何を思うだろう。奈良で温州ミカンに出会ったのは、天理市でミカンを栽培していた伯父の家で口にした時だった。こくのあるミカンの味にびっくりした。温州ミカンは、海に面した温暖な場所で栽培されると思っていたので、冬は底冷えもする奈良盆地で美味しいミカンが栽培できるとは、自分の常識がひっくり返った。

そんな中、平成23年（２０１１年）、東日本大震災が発災した年、奈良県内で橘を使った土産物の生産に向け、橘の栽培が県内数か所で始まった。たまたま、私の友人の紹介で、奈良市尼ヶ辻の休耕田が使えるので菜種を栽培してはという話が持ち上がった。その時、菜種栽培の仲間や老舗和菓子舗「菊屋」から、橘の栽培を提案された。休耕田が垂仁天皇やタヂマモリに縁のある場所に近いという理由だった。橘を使った土産物を目指すために、まず、奈良で橘の栽培を始めようということである。今から考えると、かなり無謀

天理市の温州ミカン栽培地の一つ

なチャレンジの始まりであった。橘には和名が3つある。「橘」「日本橘」「大和橘」である。奈良で栽培を始めるのだからと「大和橘」の名前で栽培を始めることに決まった。

垂仁天皇陵（宝来山古墳）そばでの大和橘の栽培

田道間守《タヂマモリ》が常世の国から持ち帰った非時香果《ときじくのかぐのこのみ》と伝わる大和橘は、天皇の宮付近で栽培が始まったという伝承が奈良にはある。そこで、垂仁天皇陵と比定されている宝来山古墳のそばで栽培するのが良い？と誰からとなく言い出した。半信半疑ながら、その休耕田に50本ほどの大和橘の苗を植えた。しかし、水田だったところに柑橘類を植えることには問題があると専門家は言い出した。柑橘は、水はけのよい傾斜地が適しているという。梅雨の時期になると休耕田は、一面水浸しになった。なるべく高い畝にして苗を植えたが、雨が降るたびに排水用の溝を縦横に掘るという作業に追われた。御陵の近くで農作業をしていると、実に多くの人が声をかけてくる。昔は、垂仁天皇陵を全国から訪ねてくる人が絶えず、茶店ができて流行っていたそうだ。御陵の堀に浮かぶ中島は田道間守の墓だという。そんな中、通りがかりの人から「中島は、昔は存在しなかったことを知っているか」という話を聞いた。調べてみると、江戸時代の中頃に描かれた絵図には堀の中に中島は描かれていない。江戸時代の末期に奈良盆地では、古墳の堀を灌漑用のため池に改修する工事があちこちで行われた。そして、御陵の堤の一部を島にして残したのではないかという。中島を造ったもう一つの理由は、堀を使って大きなため池にしたために起こる荒波から堤の浸食を防ぐ目的で中島を築くのだという。

堀の中に中島ができることで、強風の時の荒波が中島で打ち消しあって波が小さくなり堤が守られるという。どうも、これが真実に近いようだ。明治以降、皇国史観による教育の影響なのか、知らぬ間に中島が神話のメッカになってしまったようである。おまけに、宝来山古墳の被葬者は不明で、本当の垂仁天

宝来山古墳（垂仁天皇陵）と中島

皇陵は山の辺の道沿いにあるのではないかという説も有力である。とんでもない場所で大和橘を栽培し始めたのではないかと思い始めた。

大和橘について

そもそも、大和橘とはどんな植物なのか。日本の柑橘類の中で、大和橘は沖縄で自生していたというシークワーサーと共に固有種に当たる。ＤＮＡ分析で証明されているという。学名を*Citrus tachibana*（Makino）Tanakaとする。学名の最後には命名者名が書かれるが、不思議に大和橘は命名者が二人となっている。高知県立牧野植物園を訪ねた時に教えられた。当館の解説では、初めに大和橘の命名をしたのが牧野富太郎で、その後、柑橘類の分類で業績を残した田中長三郎氏によって再度命名されたという。牧野富太郎は、東京大学で植物分類の研究を続け、日本植物界に大きな足跡を残した。

しかし、小学校中退の学歴しかない牧野は、今でいうパワーハラスメントにあいながらも研究を続けたという。命名者が二人になっているのはそのせいかもしれない。準絶滅危惧種（環境省レッドリスト２０１７）にも指定され、自生地は国や県の天然記念物に指定されているところもある。北は、静岡県沼津市戸田から、南は宮崎県串間市市木まで、太平洋に面した暖帯樹林の中で確認されている。最も大きな群落は、高知県土佐市松尾山で200本ほどが急峻な斜面で生き残っている。柑橘類の中では、ミカン科ミカン属に分類され、ウンシュウミカンなどのいわゆるミカンの仲間である。他にはスダチ、ダイダイ、ユズ、レモンなども同じミカン属に分類される。

　大和橘の名前を文書の中に見ると、今から約1700年前に書かれたという中国の三国志「魏志倭人伝」の中に「橘」の記載がある。「有薑・橘・椒・蘘荷、不知以爲滋味。」薑《キョウ》はショウガ、橘《キツ》はタチバナ、椒《ショウ》はサンショウ、蘘荷《ジョウカ》はミョウガにあたるという。しかし、倭国では栄養があって美味しいのに使い方を知らないと記されている。実際には、ここにいう「橘」は日本に自生してきた大和橘とは種類が違うようだ。当時中国では「橘」と呼ばれた柑橘があり、倭国にも中国の橘とおなじような植物があったということだろう。一方、古事記と日本書紀には、タヂマモリが常世の

大和橘の実　不老不死の実とも

国から非時香果《ときじくのかぐのこのみ》を持ち帰り、これが今の橘であるというくだりがある。また、万葉集には68首に橘が読まれていて、特に女性には橘が愛された存在であったようだ。70首と書かれている書物もあるが、山橘はヤブコウジ、安倍橘はダイダイにあたるという。橘の芳香、寒さを乗り越える常緑の力、種子が多いことから子宝に恵まれる、そして不老長寿の薬効など、女性が橘に惹かれた理由かもしれない。

タヂマモリについて

常世の国から非時香果を持ち帰ったタヂマモリとはどんな人物なのか。タヂマモリは古事記では「多遅摩毛理」日本書紀では「田道間守」と記されている。彼が生きたのは今から１７００年ほど前の垂仁天皇の御代のことなので、伝説上の人物で実在はしなかったというのがこれまでの歴史家の通説である。

最近の歴史家の記述では、タヂマモリ

田道間守公（橘本神社所蔵）

は「アメノヒボコ」の何代か後の人物にあたるという記述が見られる。そういえば、タヂマは「但馬」と関りがありそうである。アメノヒボコが新羅の国から渡来し、但馬国に移り住んだという伝承が残っている。また、タヂマモリはお菓子の神様「菓祖」として、今でも菓子の世界では崇められている。橘が、菓子の元祖だということか。古代は果物を菓子と考えていた名残だろうか。兵庫県豊岡市の中島神社や和歌山県海南市の橘本神社にはタヂマモリが祭神として祀られている。

最近、市立図書館で「橘」で書籍を検索したところ、山田風太郎の初期作品「橘傳來記」が見つかった。気になって読んでみたところ「目からうろこ」のような小説であった。山田風太郎は兵庫県養父郡関宮村（現在の兵庫県養父市）で町医者の家に生まれた。旧制豊岡中学校時代、友人4名が互いに「雷太郎、雨太郎、雲太郎、風太郎」と呼びあい、中学生には固く止められていた映画館に出入りしたり、寄宿舎の屋根裏に秘密の部屋を作ったりして、かなり奔放な中学生活を送ったようである。ペンネーム「山田風太郎」はこの呼び名からつけたという。その旧制豊岡中学校の機関誌「達徳」に掲載されたのが小説「橘傳来記」である。山田風太郎は、但馬で生まれ、幼いころからタヂマモリの話を聞いて育ったのだろう。

そんな中で、「タヂマモリはなぜ殉死したのか。」この疑問が本格的な長編小説執筆につながったようだ。第11代垂仁天皇は、皇后「ヒバスヒメ」が薨去《こうきょ》したとき、家臣の殉死の制度を改め、ノミノスクネの提言によって埴輪を造り墓の周りに立てたという。タヂマモリが帰国したとき、殉死は禁止されていたのに、何故、彼が死を選んだのか。山田には謎だったのだろう。

そこで、彼なりにタヂマモリが帰国してから死を選ぶまでの過程を小説にした。タヂマモリが常世の国に旅立つとき、妻がおり身ごもっていたという。しかし、10年という年月の間にタヂマモリが亡くなったという風の便りもあって兄のすすめで妻は再婚をしてしまう。そんな中、突然帰ってきたタヂマモリに驚き、妻の兄はこのままでは妹が不幸になると考えてタヂマモリを殺そうとする。タヂマモリは垂仁天皇の死を知り嘆き悲しむが殉死はできない世の変わりようの中、複雑な状況に立たされて苦しみに悩むことになる。自死の決意をして天皇の陵におもむく途中、タヂマモリは、泣き崩れる妻と可愛い歯を見せてにっこり笑う子を前に、大きく育っていた我が子を頭上に抱き上げて「強くなれよ」と言い、小説はここで終わる。これが大筋である。

現代的な解釈ではあるが、私にとってタヂマモリの存在をより身近に感じることができた新しい出会いだった。旧制中学校の卒業学年の5年に在学中に書き上げたという。「橘傳来記」の文章力は抜群で、戦後、甲賀忍法帖などの時代小説などで一世を風靡した山田風太郎の小説家としての片鱗がうかがえる作品である。

タヂマモリが常世の国から持ち帰ったという非時香果は、文字通りに解釈すると「いつまでも香り続ける果実」くらいになろうか。最近の柑橘類は、やたらと甘かったり、香りが強かったりする。しかし、大和橘の花や葉の上品な香りは、柔らかく、すがすがしく感じる。古代の人々はこの香りを愛でたのだろう。香りの研究家で、私たちのプロジェクトを初期から応援していただいている吉武利文氏の著書「橘」（法政大学出版局1998年刊）が、橘についての多方面からの労作である。そこで、大和橘の香りについても書かれている。ぜひ、読者の皆さんにも読んでいただきたい本である。その著書の中で、奈良の大和三山の一つ、天香久山やかぐや姫に触れられて、「かぐ」が香りから来ているのではないかと述べられている。

また、同じ法政大学出版局のシリーズ「ものと人間の文化史」で50才の主婦が一念発起して「押しも押されもせぬ」民俗学者となった吉野裕子氏の書かれた「蛇　日本の蛇信仰」がおもしろい。輝く、屈むなどの「か」が蛇信仰からきた言葉ではないかという。ひょっとしたらかぐや姫と天香久山も蛇信仰に関係があるのかもしれないという話、何とも不思議な世界が広がる。吉野氏は晩年を奈良市で過ごされた。

タヂマモリの足跡？

タヂマモリが常世の国に行っていたという、常世の国とはどこなのか、さまざまな説が議論されている。タヂマモリは、先祖が渡来系なので、朝鮮や中国に行って常世の国を探したのではないか。伊勢神宮に関わる話では、二見ヶ浦は常世の波が打ち寄せるところといい、伊勢よりも東方の海上に常世の国があった。あるいは、日本一の富士山が昔は不二山とも呼ばれ、不老不死の象徴でもあったので、富士の周辺ではなかったか。さらに、常陸国風土記に書かれているように、関東から東北にかけた太平洋に面した温暖なところを常世の国といったという。あるいは、「黒潮古陸」と呼ばれた大陸が紀伊半島の南に存在したのが常世の国で今は日本列島の下に沈んでしまっている、など、奇抜な説を聞いたことがある。

仙薬に詳しい方の説では、タヂマモリは中国の奥地に仙薬を求め、その仙薬と製法を日本に伝えたのではないかという。ここでいう仙薬とは、不老長寿の薬ではなく、この世に生を受けた全ての人が幸せになるための万能薬だという。とにかく、常世の国や不老不死の薬の話は、神話の世界、伝承の世界の話であるので、今となってはその存在を証明することは極めて困難である。しかし、私たちの目の前に存在する

「橘」は、私たちに何かを伝えているようにも思う。

奈良県にタヂマモリを祭神として祀られている神社がある。桜井市の纏向遺跡の東の端、山懐の穴師地区に穴師《あなし》坐《にいます》兵主《ひょうず》神社（大兵主神社）の境内に橘神社があり、祭神がタヂマモリとなっている。小さな祠ではあるが存在感はある。

兵主神社の祭神は、兵主神といわれ、何となく不思議な神である。兵主神は、鉄などの金属加工や武器の製造など戦にかかわる武神といわれている。この神は、古代朝鮮から渡来したというアメノヒボコとのかかわりが伝えられている。兵主神社は全国で約50社あるといわれていて、兵庫県内に多く、アメノヒボコとの関りも伝えられて

穴師坐兵主神社境内の橘神社

いる。巻向川の流域には、第10代崇神天皇、第11代垂仁天皇、そして、第12代景行天皇の宮があったという伝承がある。兵主神を祀る氏族は、纏向のヤマト王朝を支えた渡来系の集団だったのかもしれない。

その、兵主神社が鎮座する穴師の里は昔から柑橘類の栽培がおこなわれた場所でもある。奈良県内では、現在も柑橘の栽培が続けられている唯一ともいえる地域である。そして地元には大和橘が初めて植えられたという伝承がある。近江国、現在の野洲市にも兵主大社という神社がある。さらに、近江から若狭にかけても、アメノヒボコの伝承があり、後の応神天皇や継体天皇とのかかわりもあるのではないかといわれている。アメノヒボコやタヂマモリは、表には出ないが、本当は日本史に大きな影響を与えた人々や氏族だったのかもしれない。

ところで、タヂマモリは、垂仁天皇の命によって常世の国にあるという非時香果を求めて旅をすることになる。常世の国とはどんなところなのか。そこに生えている非時香果を食すると不老不死の力を持つことができるのか。古事記と日本書紀には、そこがはっきり書かれていないが、常世の国は中国の神仙思想では、東の海の果てにあるという蓬莱山などの霊山をさすという。中国の秦の時代、徐福が不老不死の薬を求めて仙人が住むという蓬莱山に向けて東海に漕ぎ出したという。

和歌山を始め日本各地にその徐福伝承が残っている。ちなみに、徐福が紀州の山地で不老不死の仙薬を見つけたのが天台烏薬（テンダイウヤク、クスノキ科クロモジ属の灌木）という。古代の人にとって、あるいは、現代人にとっても不老不死は永遠のテーマかもしれない。現代でも、アンチエイジングなる食品や健康法が流行している。不老不死は、科学的にはあり得ないことと結論付けることはできるが、少しでも長く健康に生き続けたいという不老長寿の考えは理解できる。

奈良県漢方のメッカ推進
プロジェクト

果たして、大和橘は不老不死、あるいは、不老長寿の果実なのか。最近、東北大学薬学部を中心にいくつかの大学と漢方系製薬会社の共同研究によって、ノビレチンの機能性についての研究成果が注目されている。ノビレチンは、認知症の予防や治療に効能があるという。そろそろ、認知症の特効薬として世に出るかもしれないという話さえある。この研究では、中国の古い柑橘類を試験材料とされているようだが、実は大和橘こそはノビレチンの含有量が非常に多い果実でもあることが分かってきた。奈良県産業振興総合センター（旧奈良県工業試験所）のバイオ・食品グループによっても分析されている（第5章）。沖縄に自生するシークワーサーも同様の成分を多く含むという。古代の人々が、大和橘を不老不死の果実と考えていたことも、まんざら嘘ではなかったことが証明されてきたのか。

奈良は、古代から薬業の発祥の地ともいわれ、現在操業している大手の製薬会社の多くが奈良で創業をしたという歴史がある。葛城で生まれ大峰山で修行したという役行者との関りも考えられる。高取の薬業や置き薬は富山の置き薬とともに有名である。大和橘も生薬の一つと考えると、何か縁を感じる話である。「漢方のメッカ」を目指す奈良県の取り組みの中に、きちんと大和橘が位置づけられる日が来るのかもしれない。

タヂマモリと皇国史観について

奈良市尼ヶ辻の垂仁天皇陵横の休耕田で大和橘を栽培し始めたころ、ある友人から「田道間守と関りがある橘を育てて大丈夫？」という忠告？を聞いたことがある。その時は、それほど問題にも感じていなかったが、よくよく考えてみると、戦前の教育において、田道間守は天皇に忠誠を尽くした人物として登場する。国民学校初等科5年国語の教材に忠臣としての田道間守が扱われ、文部省唱歌「田道間守」を歌わされた歴史がある。いわゆる皇国史観に沿った教育の中に田道間守が組み込まれていた。当時の文部省は、田道間守のことを「帰化人の子孫をして、全く真の日本人になりきって皇国に尽くした偉人」として紹介したという。

当時、涙を流しながらこの唱歌を唄った子供たちもいたという。そういえば、山の辺の道のフィールドで、たまたま通りがかった高齢の男性が大和橘を栽培していることを知り、懐かしそうに立ち止まって声をかけてこられた。そして唱歌「田道間守」を直立不動で諳んじて唄われたことがあった。戦前の教育を受けた方にとっては、今も記憶に残る唱歌なのだろう。どんな唱歌だったのか、次に歌詞を紹介する。

一　かおりも高いたちばなを　積んだお舟がいま帰る　君の仰せをかしこみて
万里の海をまっしぐら　いま帰る　田道間守　田道間守
二　おはさぬ君のみささぎに　泣いて帰らぬまごころよ　遠い国から積んできた
花たちばなの香とともに　名はかおる　田道間守　田道間守

幕末から明治維新の頃、欧米列強がアフリカと共に東南アジアを植民地にしようとし、さらに日本を虎視眈々とねらっていた情勢の中、維新政府は、経済力や軍事力などさまざまな面で力をつけて懸命に列強に対抗しようとした。その中で精神的な支柱として天皇を奉り、国民は天皇の臣民としての精神教育をしようとした。その過程で田道間守が教材として扱われた。

結果的には、この世界情勢中で、我が国は戦争を引き起こし、あるいは戦争に巻き込まれた結果、国民は多大な犠牲を払うことになった。第2次世界大戦においては何よりも周辺諸国を侵略して戦争に巻き込んだ結果、約2000万人とも言われる犠牲者が出るという大惨事につながった（諸説あり）。戦前の教育のシンボル的な存在の一つである田道間守に関わる大和橘を、今の世に持ち出すことを人々はどう思うか、友人は心配しての忠告だったのだろう。

しかし、よくよく田道間守や橘のことを学ぶにつれて、これらに関わることによるリスクよりも、もっと大きな魅力をもった存在であることに気づかされてきた。万葉人が愛し、霊力を持つと古代人が信じた不思議な柑橘の持つ魅力は大きいと思う。そして、大和橘の秘めた力は今に生きる我々にとっても元気を与えてくれるように思う。もちろん、明治以降の一時期、田道間守や橘が加害的な不幸な扱われ方をした歴史には真摯に向き合っていくことを忘れてはならないと思う。

一方で、最近、ロシア、中国、さらにアメリカにも強権的な指導者が現れて世界を震撼させている。第2次世界大戦直前の世界の状況に似ているとも言われる。日本でも右傾化が進んでいて、国の打ち出す方針に物申すことがはばかられ、最近は「忖度」という言葉が流行している。政治に期待が持てず無関心な大衆が増えると、強い指導者を求めるようになった結果、全体主義の国家が擁立され世界を大戦に引き込んでいった歴史に通じると警鐘を鳴らす人もいる。本プロジェクトも方向を見失わないようしっかりと歩まねばならないと思う。

橘氏と奈良について

古事記日本書紀では歴代皇室の中の女性に橘という名前が散見されるが、初めて一般人に橘と言う姓が下賜されたのが、県犬養橘三千代《あがたいぬかい》だという。始め敏達天皇系皇親である美努王《みぬおう》に嫁ぎ、その後藤原不比等の妻となって大活躍する女人である。その身内から、橘氏が多く世に出て歴史にも登場する。平安時代には、源平藤橘とも言われるほど橘氏の存在は大きかったようである。奈良には、その橘三千代に縁のある史跡も多い。

不比等の屋敷跡に建立されたといわれる法華寺、彼女が深く信仰したという法隆寺、そして彼女の死後、娘の光明皇后が建立した興福寺西金堂（焼失して現存しない）があげられる。短い時期ではあったが歴史に光を放った氏族である。

春日大社は、神社にとって最も重要な祭ともいえる春日祭が毎年3月中旬に行われる。その祭の際に境内の摂社に橘を供える伝統が1000年以上続いている。3年前に、橘の実が不作の年、神社から当プロジェクトに橘の実の提供依頼があり160個の大和橘の実を葉がついた状態で奉納したことがある。昔からこうしてきたとのこと。他の柑橘では、器があわないそうである。

奈良には、正月に葉つきミカンを神前に供える風習がある。これも、もともとは橘を使ったのかもしれない。神前に供えるミカンは橘だったのかも。師走、瑞々しい黄金色に色づいた橘の実を見ているとそんな気がする。

ドラマに登場する大和橘

NHKの朝ドラは、毎回、元気な女性が主役を演じ、茶の間の話題の中心になることも多い。そんな中、会員の中から、ドラマに使われている和服の紋が橘だという声が上がった。最近、勝負服という言葉を耳にすることがあるが、ちょうど、ドラマのクライマックスの場面で女性が橘文様の使われた和服を着ているという。確認すると、最近の3作に続いて使われていた。

ドラマ作りに橘が活躍しているようで誇らしい気持ちになった。平成29年の大河ドラマは「おんな城主直虎」だった。あまり知られていない存在の女性にスポットを当てた斬新なドラマだった。ドラマの収録が進みかけた前年28年の夏、NHKから事務局に連絡が入り、橘の木を提供してくれないかとの話だった。今回のドラマにとって橘は非常に重要な存在になるのだという。

ドラマの主人公、井伊直虎は、没落しかけた井伊家を女手で再興を果たす。後継ぎとなった井伊直政は徳川家康に仕え、徳川家の四天王として活躍した。そして、幕末の大老井伊直弼につながる。井伊家の初代井伊共保は、神社の井戸のそばに捨てられていた子供を神官が育て、遠江井伊谷の豪族になったという。その井戸のそばに橘があり、後の井伊家の家紋に橘が採用された。

井伊家の家紋

ドラマでは、この井戸とそばに植えられた橘がたびたび登場した。ドラマの中では、最後まで橘についてのくだりはなかったが、奈良から贈った大和橘の姿を見続けた1年だった。橘の家紋は、珍しいものではなく、現に、私の家の家紋も橘である。しかし、御所紫宸殿前の右近の橘や文化勲章の絵柄でも知られているように、橘は昔からかしこまった目出度い存在のようだ。

（久保田　有）

第2章

大和橘を植える・育てる

なら橘プロジェクト推進協議会（以下、なら橘プロジェクトと略記）の大和橘再生の柱の一つは、絶滅の危機にあるわが国の固有種、大和橘を植樹し、育て、増やしていくことである。現代では未知に等しい植物を守り、育てて行かなければならない。年月と日々の丹念な努力と工夫が要求される仕事、つまり農業の知と技が必要である。けれども、このプロジェクトのメンバーに農業専従者がいる訳ではなかった。

奈良県は一般的には農業県に思われがちだが、実は耕地面積は県の総土地面積の6％程度で、農林業従事者は県の総人口の2・6％。そのうち林業に携わっている者を除けば、農業単独従事者はその約半数である。しかも農家の8割以上が副業的農家や自給的農家で、その農作物の殆どは米作であり、農業産出額と所得の都道府県別のランキングでは、東京、大阪に次ぐ最下位にある（2015農林業センサス）。しかも耕作放棄地は年々増え、農業従事者は高齢化とともに減少の一途をたどっている。

その状況の中で、大和橘を植え、増やし、橘の再生にとどまらず奈良という地域をも活性化したいというのが、なら橘プロジェクトの熱意ある目標である。しかし、いつ実がみのり、どれだけの収穫、収入になるのか見当もつかず保障もない未知の大和橘と言う樹木を進んで植え、販売作物にまで育てあげようという勇気ある農業者は、そう簡単に探しだすことはできなかった。しかも、なら橘プロジェクトの代表も協力者も本来の農業者ではない。

ただ幸いにも奈良の中和地区、大和平野に住み、親の代までは専業的に農業を営んでいた家の出自であり農地を所有し、本人たちも勤務の傍ら農作も経験している自給的、兼業農業者が数名いた。こうして柑橘類の栽培、まして大和橘の植栽にはまったく経験のない初心者によって、大和橘再生の実践活動が、試行錯誤の工夫と地道な努力によって始められたのである。

その後は、大和橘の自生地、静岡県沼津市戸田、伊勢湾に浮かぶ三重県の答志島に視察に行った際、持ち帰った大和橘の実を発芽させて育てた。その頃、高知県立牧野植物園や熊本県天草から提供していただいた数本の大和橘も、天理地区でいまも元気に育っている。

当初から大和橘の植樹と栽培管理に携わったのは、久保田有、仲尾浩一の二人であるが、もともとは、教員と銀行マンという経歴の持ち主であり、定年退職後に本格的に農業を始めた、いわば新規就農者であり、もちろん大和橘には全くの素人である二人が、学び、努力し、失敗しながら、栽培地や植樹数を増やしてきたのである。

以下は、二人が語る大和橘育生奮闘記である。

大和橘を植える

久保田　有

休耕田に橘を植えた間違い

奈良市尼辻西町にある宝来山古墳（第11代垂仁天皇陵と比定されている）の近くで休耕田3枚約3反半（約３５００㎡）を借りることになり大和橘の栽培を始めた。タヂマモリに縁がある土地という理由だったが、なにせ、柑橘類の栽培などまったくの素人にとっては無謀ともいえるチャレンジだった。

はたして休耕田で大和橘の栽培が可能なのか。ネットで栽培法を調べると、柑橘類は湿地では根腐れをおこしやすく、傾斜地の水はけが良い場所が適しているという。尼ヶ辻の休耕田は真逆の地、とにかく高畝を作り排水

宝来山古墳（垂仁天皇陵）横で植樹開始

溝を掘ることから始めた。今から考えると、休耕田での栽培はあきらめて他の適地を探すべきだった。

しかし、垂仁天皇やタヂマモリに縁がある場所でということが頭にあって、当初は選択の余地がなかった。大和橘の苗は、ネットの通販で購入した。数少ない通販サイトから適当に選んで130本ほどを入手し、そのうち尼ヶ辻には約50本を植えることにした。他の苗は、菜の花プロジェクトの希望者で分けた。

春、4月、腐葉土と安い鶏糞を元肥にして植えつけた。しかし、梅雨時に入り雨が続くと、溝にはすぐに水が溜まって抜けなくなり始めた。溝の水位を下げようと排管を低くして埋めなおしたり、溝に傾斜がつくように掘り返したりした。2年生の苗には知らぬ間にアゲハの幼虫が次々と顔を出し始めた。ほっておくと、あっという間に葉がたべられて坊主にされた。

冬になると北西の季節風が吹きだし、防寒用に不織布で覆った。奈良は盆地のために底冷えがするところ、また、風をさえぎる場所がない尼ヶ辻の休耕田は、寒い季節風も半端ではなかった。それでも、なら橘プロジェクトの立て看板を立てると、道行く人や地元の人から声をかけられた。タヂマモリゆかりの地、垂仁天皇陵のそばということから人目にはつくことになった。苗が小さいので、畝の空いた場所に金胡麻や菜種の栽培もおこなった。

そして、橘だよりを作ってオーナー制を採用し、農作業の協力者を募った。幸い、数名の方にすぐに手を挙げていただき、菜種や金胡麻の収穫作業を手伝っていただいた。収穫した菜種から作った菜種油や金胡麻はオーナーに配布し喜ばれた。畔や休耕田内の草刈りは大変な作業ではあったが、結構楽しい作業であった。

そこには、大和橘の実の収穫という目標があった。苗の育ちは早く、植樹直後から花をつけ、初夏には小さな果実が顔をだしてきた。しかし、排水がしにくい場所ではなかなか生育せず何となく不安がよぎる毎日だった。

中ツ道（橘街道）で大和橘の植樹が始まる

なら橘プロジェクトは、大和郡山市発志院町や白土町の住民が中心になって発足した。月に一回「橘会」という例会をもっている。地元治道地区の住民だけでなく大和郡山市長始め市の全面的な協力を得ながら進めてきた。そんな例会の中で、中ツ道に大和橘を植樹しようという話が女性会員の中から持ち上がった。

中ツ道は、上ツ道、下ツ道とともに、奈良盆地を南北に通る代表的な古道であった。これらの道がいつ頃つくられたのかは定かではないが、少なくとも古代日本の最大の内乱と言われる壬申の乱（天武天皇元年672年）では、この3つの古道が戦場になったと記紀は書いている。

平成24年（2012年）、天理市が道路整備のために天理市喜殿町で中ツ道の発掘調査を行った。その結果、幅23mほどの南北に連なる中ツ道の遺構が発見された。その後下ツ道でも発掘調査が行われ、同様に幅20mあまりの遺構が発掘されている。今から考えると巨大な幅の道を造ったものだと驚かされるが、当時は、それなりの道幅は必要だったのだろう。

近年、京都府木津川市の郷土歴史研究家によって、奈良盆地を南北に走る3つの古道は、木津川が起点であって、木津川で荷揚げした木材などを飛鳥京まで運んだ道ではないかという説を唱え、学者もそれを認めている。

飛鳥時代、宮殿などの建設が次々と行われた結果、上流で木々の伐採が進み、その影響で明日香川は洪水を起こすようになり、上流での伐採が禁止さ

中ツ道（橘街道）での植樹

れたということが書かれている。

そのせいだろうか、木津川の水運を利用して各地の木材が木津（古代は泉津と呼ばれていた）から飛鳥京やのちの藤原京に運ばれたという。大きな木材を運ぶのには、幅23mが必要だったのかもしれない。都が平城京に移った後は、道幅が6mほどに狭くなったという。これらの街道は、近世になると、上ツ道は上街道、中ツ道は橘街道、下ツ道は中街道と呼ばれるようになる。なお、葛城から御所を通る道を下街道と呼んでいる。中ツ道が橘街道と呼ばれたのは、この道が明日香村の橘寺につながることから名前がつけられたそうである。その中ツ道、橘街道が治道地区の東側を通っていることになる。そこで、中ツ道（橘街道）に大和橘を植えよう、大和橘の並木道にしようという壮大な発想が生まれた。おもしろい、やってみようということで、平成25年3月に上田清大和郡山市長と地元の区長など住民が参加して、大和郡山市石川町に10本余りの大和橘を植樹した。

この植樹の動きは、その後、中ツ道が通る奈良市、天理市、橿原市などでも続いている。しかし、中ツ道の名残はわずかに残っているものの道幅が狭くなかなか前には進んでいない。しかし、ひょっとしたら、将来、壮大な大和橘の並木道が実現する日が来るかもしれない。

日本最古の古道「山の辺の道」周辺で大和橘の栽培を始める

奈良市尼ヶ辻や大和郡山市石川町などで、大和橘の栽培が始まったが、適地を探すことを始めた。どうも、奈良盆地の中では栽培が難しいとの考えからだった。

戦後、私の伯父たちが天理市から明日香村にかけて温州ミカンの栽培を手掛けたことがあるという話を聞いた。天理市園原町の伯父の家に呼ばれ、こくのある美味しい温州ミカンをいただいた。そこで、この山の辺の道周辺にあたる地域での大和橘の栽培を検討し始めた。

そんな中、山の辺の道に近い和風カフェ「卑弥呼庵」の主人から、県が買い上げた土地があるので、奈良県に聞いてみてはと言われた。国は、崇神天皇陵と景行天皇陵の間の田畑を歴史的風土特別保存地区に指定し、奈良県はその範囲で生じる放棄地を買い上げる政策を進めていた。天理市柳本町から渋谷町にまたがる地域である。早速、県の古都管理係に問い合わせたところ、買い上げ地での大和橘などの栽培を快諾され、柳本町と渋谷町の2か所、約2500㎡を借りることになった。一部は、柿が植えられていた畑地だったが、他は休耕田であった。

今度は、ミカン栽培の経験がある従弟に話を聞きながら植樹を行った。元畑地に約

20本、元田地に30本を植樹した。しっかり元肥を入れ、田地は高畝にして植えた。

その後、県有地での栽培が増えて、現在、山の辺の道周辺で約６０００㎡を借りて栽培している。やはり、柑橘栽培の適地だったのだろう、生育は抜群に良く、すぐに花を咲かせ、たわわな実をつけていった。しかし、ここでも、湿地気味の元田地の生育は思わしくなかった。

なぜ、山の辺の道周辺で温州ミカンの栽培を始めたのか、伯父に聞いたことがある。その時、伯父は、ここらは逆転層がおきて、それが温州ミカンの栽培を可能にしていると説明した。冬季、北西の季節風が吹き始めると、昼間に暖められた盆地の空気が南東の天理市から明日香村にかけての

山の辺の道周辺での植樹

山麓に集まり、盆地の底よりは比較的暖かい状況が生まれるという。

その結果、気温が盆地の底よりも山麓の高い地域が高くなり逆転現象が起きる。日本で、このような逆転層を利用したミカン栽培は、奈良の山の辺と筑波山麓の2か所だという。奈良県ではミカン栽培のために静岡県興津にある国の柑橘研究所（現在の農研機構果樹研究所カンキツ研究興津拠点）に若手農家を派遣して栽培技術の普及にも努めた。

しかし、ミカン栽培が全国に普及し、安く大量生産の産地に追われて奈良での温州ミカンの栽培は衰退することになる。今でも、ごくわずか、山の辺の道沿いで温州ミカンなどの栽培がおこなわれているが、後継者も少なく先行きが心配されている。

しかし、ここで作られる温州ミカンの中には、抜群の酸味とうま味を持ち合わせたものがある。私もこのミカンに出会ってからは、郷里の愛媛ミカンにも負けない奈良のミカンにはまっている。山の辺の道周辺での大和橘の栽培は順調で、昨年の収穫量は300kgを超えた。今後は、プロジェクトの栽培拠点になっていくのであろう。

ちなみに、山の辺の道周辺や飛鳥の温暖な気候が、ヤマト王権や飛鳥王朝などの文化を育み一時期は日本国の中心となる歴史をつくったのかもしれない。

偽の大和橘をつかまされてしまった

奈良市尼ヶ辻で植えた大和橘の苗が、本物の大和橘ではないという話が持ち上がった。橘研究家の吉武利文氏の指摘によるものである。尼ヶ辻に植えて、2年目をむかえた時、奈良に来られた吉武氏から指摘いただいた。

そういえば、秋になっても花が咲くなど普通のミカンとは少しようすが違うなとは気にはなっていた。調べてみると、カラマンシーというフィリピンや台湾などでレモン代わりに栽培されている種類だという。どうも、和名の「四季橘」という名前が誤解を生んだようである。しかし、苗の専門通販サイトから、まさか、別の種類が届くとは思ってもみなかった。その後、本物の苗が1年あまり後

カラマンシー（四季橘）小さな青い実と熟した実が同時期につく

に届き植え替えを行った。このカラマンシーは、キンカンと中国のマンダリンオレンジの交配によってつくられた種類だそうだ。

しかし、カラマンシーは悪いことばかりではない。橘と違って、果汁や果皮に苦みがほとんどなく、ジュースや和菓子用に加工しやすく使いやすいという長所があることに気が付いた。また、甘露煮にすると、キンカンの甘露煮に負けない効能があるということをオーナーの一人が見つけた。

沖縄では、大和橘と同じく苦みのあるシークワーサーの果汁に大量のカラマンシーの果汁を混ぜた商品シークワーサージュースが好評だという。奈良県内の寺でもカラマンシーが橘として植えられているところがある。苗木を寄進した方は本物の大和橘だと思ってのことだろう。苗を購入するときは、どんな苗が送られてくるか、くれぐれも注意が必要である。

社寺での植樹が始まる

平成26年（2014年）ころから、奈良県内の神社や寺院での大和橘の植樹を始めた。当初から大和橘の植樹については、北葛城郡河合町にある廣瀬大社の樋口俊夫宮司の理解と協力を得ている。県内でもわずかではあるが、昔から大和橘が植えられている神社の一つである。

廣瀬大社は「砂かけ祭」（御田植神事）で有名な神社で、社伝によると、古代崇神天皇の御代に大和橘が芽吹いた場所に神社が創建されたという。境内には今でもたくさんの大和橘の木が生育している。

他に、天理市の大和神社などにも植えられている。ともに、神社の社紋は橘紋である。橘三千代に縁のある門跡寺院の「法華寺」で植樹を行い、西大寺清浄院住職である佐伯俊源氏の紹介で、西大寺、元興寺、福智院、不空院などで植樹した。最近は、大安寺、法隆寺、興福寺でも植樹を行った。いずれも、寺院の依頼や了解のもとで植樹されている。神社については、なら橘プロジェクト拠点の地元である大和郡山市の、薬園八幡神社、郡山八幡神社に植樹した。

社寺での植樹（西大寺にて）

古事記の編纂に関わったという稗田阿礼《ひえだのあれ》を祭神とする大和郡山市稗田町に鎮座する賣太《めた》神社にも植樹をした。稗田阿礼は、その抜群の記憶力の良さを買われて、天武天皇の詔によって「帝紀」「旧辞」等の誦習を命ぜられ、太安万侶《おおのやすまろ》が阿礼の誦することを記録して「古事記」を編纂したという。

最近、奈良市に移住されて古事記の朗誦活動をされている大小田さくら子氏と大和橘が縁で知り合いになった。大小田氏のさわやかな声による古事記の朗誦を通して、古代の息吹にふれることができそうだ。

「橘の香りとやまとかたり」

大小田　さくら子

古事記原文の朗誦を、「やまとかたり」と名付けて、鎌倉の海に向かって大きな声を出し始めたのは平成18年2月、あれから12年経った同じ2月に、奈良に引っ越しました。

奈良は古事記の故郷です。わたしは、いにしえの時代から伝えられてきた言葉を五感で捉えたいと思っていました。言葉の響きを体で感じながら、理屈や知識ではない古事記の世界を体感したいと思っていました。また、わたしにとって、古事記は物語です。「モノ」は、目には見えない、見えないけれど存在している、それを語り伝えていくことができるのが物語だと思っています。物語は事実よりも伝播力が強い。

ただ、事実と繋がっている物語、真実かもしれないと思わせてくれる物語ほど面白く、時を越えて、人の心に残り、伝わっていく不思議な力を持っています。

「ときじくのかくの木実」、時を越えていつまでも香しい木の実として、古事記中巻垂仁天皇の項に出てくるタヂマモリと橘の物語は、言葉の不思議な音韻が心に残ります。「かげよかげ、ほこよほこ」という言葉は声に出すとリズミカルで呪文のようです。

また、タヂマモリが、常世国という永遠に幸せが続くような理想郷から持ち帰ったという物語の中の橘を、現在のわたし達が手にして食べることができるのです。聖武天皇の歌に、「橘は実さへ花さへその葉さへ枝に霜降れどいや常葉の樹」というのがあります。言葉の重なり、調子のよさに何度も口遊みたくなる歌ですが、千年以上昔の時代から、実も花も葉もすべてが有難く感じられる木は、今のわたしたちに

大和郡山城天守台での観月会にて「やまとかたり」の様子

とっても同じく、有難くてお目出度い木です。

わたしが初めて橘の実を食べたのは、平成20年。伊勢の方から答志島の橘の実をいただきました。ほのかな香りと優しい黄色の実と味は、なんとも魅力的で、食べ終わった種を植木鉢に植えて大切に育てました。

２０１７年、10年目に初めて白い花が13個つきました。季節外れの台風のせいで、実はなりませんでしたが、この10年、毎日のようにその成長を見守っていたわたしにとっては、歓喜でした。その木は今、春日山の麓、高畑の家の庭にあります。時々、葉っぱをとり、ちぎって匂いを嗅ぎながら、タチマモリのお話、古事記の原文を声に出して朗誦すると、見たことのない常世国の景色が浮かんできます。

橘の実がたわわになった葉付きの枝と、葉のない実ばかりの大きな枝を持ったおじいさんの姿が見えてきます。香りも古事記原文を声に出して朗誦するやまとかたりも、遠い時代の記憶まで、思い出させてくれるしかけがあるようです。


神戸市を中心に活動されている「歌劇★ビジュー」もプロジェクトに理解があって応援をいただいている。この劇団は、枠にとらわれない新しいスタイルの歌劇をめざして活動されている。「橘と垂仁天皇、田道間守」をテーマに「橘街道物語」を企画中である。大和橘を通して、芸術活動の分野にも広がりができてきたことも頼もしい。

他にも県内では、穴師坐兵主神社、奈良県護国神社、等彌《とみ》神社、葛木御歳神社などでの植樹が進んでいる。社寺合わせて、現在50か所余りで植樹が行われた。神社、寺院もとに、大和橘の植樹には非常に好意的で、ぜひお願いしたいと依頼されることが多い。社寺での植樹を機会に大和橘が人々の目に触れやすく知られていくことを期待したい。

京都に石清水八幡宮という有名な神社がある。境内には大きな橘があり、暮れには巫女さんが実を摘んで参拝者に配り、「橘酒」としても使われるという。石清水八幡宮の社紋も橘である。石清水八幡宮は、平安京の守護として大分の宇佐神宮から勧請されたもので、大安寺の行教律師という僧侶が関わったという。大安寺の境内にある八幡神社は元八幡と呼ばれ、いったん、この地に宇佐神宮の八幡神が勧請され、その後、今の京都府八幡市男山に石清水八幡宮が創建されたという。奈良との縁も深い。また、橘との関りが深い寺院と神社でもある。

大和橘栽培の苦労

私が直接関わっている大和橘の栽培地は、９反半（約９４００㎡）におよび、草刈り作業だけでも大変である。雑事に追われる中、空いた時間で作業を行っているが追いついていかない。

そんな中、苦労することも多い。特に、病虫害の対策が大変である。テッポウムシというゴマダラカミキリムシの幼虫が悪さをする。成虫は幹の下部に卵を産み付け、幼虫が幹の中に入り込んで育つと、やがてタチバナは根元からそれはみごとに倒れてしまう。

山の辺の道周辺ではこの被害が大きく約10本も倒れた。なかなか対処が難しい。夏の早めに根元に防虫用の網を張るか薬を塗る方法がある。とても、カミキリムシを捕獲網で追いかけていては歯が立たない。根元を定期的に見回り、木くずが見つかったら、素早く殺虫剤を注入すると助かることがある。他にも葉の裏側に文字を書いたような跡を創る虫害がよく発生する。ハモグリガという蛾の仕業であるが、これもなかなかしぶとく駆除が難しい。2月頃と6月頃にマシン油を散布すると効果があるという。なるべく無農薬で栽培した

ハモグリガの食害

いのであるが、きめ細かい手入れを心がければ、かなり減農薬でやって行けそうである。

これらの被害をほっておくと、やがてスス病という菌に侵されて枝葉や実まで真っ黒になってしまい商品価値がなくなる。また、柑橘類は、肥料食いとも言われるほど追肥は欠かせない。木の成長や果実の収穫には影響が大きい。

また、柑橘類は、比較的潅水は必要がないといわれるが、植樹してしっかり根が張るまでは潅水が必要で、長く日照りが続くようなときは、こまめに潅水が必要である。樹下の雑草対策も大変な作業で、一時は麻袋をもらって敷いたことがあったが、やがて袋は土には返るものではあるが、布を突き抜けて芽を出し始めると草刈り機が使えなくなり手に負えなくなる。除草剤と併用すると効果はあるようであるが、こまめに草刈りをするか雑草用のシートを敷く方法も考えられる。

土の質も関係がありそうである。条件は同じでも場所によって生育状態に変化が現れる。初夏の剪定作業や摘果作業も必要で、大和橘を育てるにはつくづく奥が深い世界だと感じる。まだまだ試行錯誤の状態が続いているが、壮大な夢を追いながらわが身が動くうちは活動を続けたい。

景観保存と里山の活性化をめざして

奈良市尼ヶ辻や天理市柳本町などでの大和橘を栽培していて教えられることが多い。

特に、奈良独特の歴史的景観の中で古代に縁のある大和橘を育てることの意義も感じる。また、古代人が大和橘をはじめとした自然界の生き物や景観に寄せる想いも万葉集や記紀などで知ることができる。

時空は異なるが、古代の人々と同じ土地の上で活動していることを自覚しながら活動したい。そして、現代人が見失いがちな、古き良き景観の再生にも寄与できればと思う。大和橘の葉や実を使った食品の開発の他、大和橘を使った化粧品、香水、草

実をつけた山の辺の道沿いの大和橘

木染などにチャレンジしている。

天理市で隔年に開催されている「天理環境フォーラム」では、この数年間、「里山」をテーマにしたシンポジウムや里山での活動紹介展示が行われてきた。２０１１年の夏、ＮＨＫ広島放送局は、中国山地での元気な活動を、藻谷浩介氏と組んで、１年半にわたって取材・制作が展開された。そのようすが放映されるとともに「里山資本主義」という名の書籍となって出版された。新しい視点による里山での活動の紹介に、全国的に大きな話題となった。フォーラムでは、その活動に参加されたＮＨＫのプロデューサー井上恭介氏を招いたシンポジウムも開催された。

また、里山の活用と夢を語るシンポジウムが天理市、奈良市、桜井市の山の辺の道が通る3市長による鼎談が行われたこともある。それぞれの市が考える「里山への夢」が話題となった。

しかし、シンポジウムの話題にはなっても、そこから具体的な活動や展望を描くことは難しい現状も明らかになった。農家の後継者不足問題だけでなく、農業自身の衰退が、日本各地で近年深刻な問題になっている。休耕田や放棄地が次々と広がっていく様は、山の辺の道周辺でも顕著となっている。そんな中、フォーラムの環境展では、山の辺の道周辺での活動の一つとして「なら橘プロジェクト」の活動が評価されている。歴史的風土保存地区内で奈良県が買い上げた土地を使った活動であるが、少しずつ地域を動かす力にもなりつつある。

２０１８年秋には、「里山資本を活かした地域づくり」と題したシンポジウムが開催され、奈良県内の里山を舞台に映画の製作活動をされている映画監督の河瀬直美氏を講師に招いた講演と、天理市長の並河健氏を交えたシンポジウムが行われた。私たちにとっても有意義な機会になった。今後の山の辺の道周辺での里山活用にも活かされることを期待したい。里山の活性化は、全国的な大きな課題でもある。日本各地でさまざまな実践や試みが行われている。

私たちのプロジェクトも試行錯誤の毎日ではあるが、将来の里山やそこに住む人々による今後の農業の在り方に一つのヒントを与えることにつながれば幸いである。何よりも私たち自身元気がでるような長く続く活動にしたいと思う。人々の生活が、自然離れ、農業離れしていくなかで、大和橘の栽培を通して、「大和橘で元気に長生き」をモットーに大和橘の普及をめざして活動を続けたい。

大和橘を育てる

仲尾　浩一

実から苗木を

先ず苗木をどうするか、から始まりました。苗木屋も、温州ミカンや柚子などの柑橘類は、カラタチの木に枝を接木して販売していますが、絶滅危惧種（当時）の大和橘のことは、よく知りません。

当初、千葉から購入した苗木は大和橘ではなく、実は「四季橘」という種でした。平成25年、大和橘の原木が自生している静岡県沼津市の戸田や三重県の答志島へ視察に行った折、いくつかの実を持って帰ってきました。通常、種は乾燥したものを蒔きますので、入手した大和橘の種を取り出し乾燥して植えてみましたが、いっこうに発芽しません。ところが、答志島に視察にいったおり、原木の根元から、ところどころに苗木が生えていたのを思い出しました。それにヒントを得て、実を中の袋ごと直接土に植え込んだところ、一つの実から4、5本の苗木が発芽したのでした。

そういえば、先輩から聞いたことのひとつに、自然界では鳥の排泄によって排出された種が発芽する植物がたくさんあり、それは鳥の体温38℃と消化時間24時間が大切な条件となっている、ということがありました。それにならい、作物を実生《みしょう》で成長させるに当たって、種を40℃前後の湯に2日程浸けておいてから蒔くという方法を学びました。

土をどうする？

次に栽培地ですが、まずは橘街道横の水田に植えることにしましたが、土が固く、直径20チセンほどの穴を掘って植え付けしました。けれども、半分以上枯れてしまい、残った樹も十分成長しません。水田跡ですので、水はけも悪かったのです。本当は傾斜地が良いのでしょう。平地ではしっかり盛り土をすることにしました。

そこで、水はけの良い土地を選び、鶏糞や牛糞の発酵させたものをしっかり混ぜ込みました。混ぜてすぐは再醗酵するので1～2か月おいてから盛り土をし、下土は柔らかく耕起し、先の元肥を混ぜ、地表面と苗木の根の真ん中が同じ高さぐらいの浅植えにしました。盛り土は直径2～3メートルにして、真砂土と畑土を混ぜるのです。盛り土の周囲は溝を切って流れをつくりました。施肥は、3か月に一度、農協のIB化成肥料6～8粒を、橘の葉の先端の下あたりの土に撒きます。柑橘類の根は浅く真下には伸びないことがわかったからです。

ミカンの産地では、南に面した海辺の斜面が利用されています。どうも北風が嫌いらしく、庭に植える場合も、北に建物か生け垣にさえぎられている南側の場所が育ちやすいようです。

大和橘は虫に狙われます

アゲハチョウは若芽が大好きで、すぐにどこからともなく卵を産み付けに来ます。年中、何度も注意しなければなりません。卵や幼虫を手や筆で落とします。

２０１７年のＮＨＫ大河ドラマ「おんな城主　直虎」では、井伊家の家紋が橘ということで、スタジオに橘を植えたいと、スタッフから橘の成木の注文がありました。見栄えの良い成木３本を東京に送りました。スタジオのセットでは、井伊家の庭の井戸の横に植えられ、直虎の苦悩や迷い、愛と成長を見守っていたのでした。

ところが、アゲハチョウがスタジオの橘に寄ってきたのです。ある日『東京中のアゲハチョウがスタジオに集まってきました！どうしましょう』と、城さんのところに電話がかかってきたりしました。余談ですが、出演者の方から「大和橘に魅せられた、鉢植えで自宅に置きたい」との注文もありました。

カミキリ虫もやってきます。木が直径７センチほどにもなると、茎に穴をあけて、幼虫が入り込み道管を食い荒らすのです。葉っぱには、ミカンハモグリガが入ります。実にも入ります。アブラムシは枝や葉っぱについて、真っ黒なススにしてしまいます。

トゲはなくなる？

大和橘には強靭で多くのトゲがあります。平成25年、橘を育て始めた頃、奈良県の総合農業センターの接ぎ木講習会で指導を受けました。接ぎ木にすると、トゲがあまり肌に出ないのです。なるべくトゲのない枝をカラタチに接ぎ木して苗木として扱っています。奈良では廣瀬大社の境内に大和橘の原木があることを知り、その枝をいただき、接ぎ木し苗木にしたこともあります。原木でも、50年、60年となると、トゲがなくなります。人間も見習わなくてはいけませんね？

大和橘を育てるのは大変です。でも、農場で、得も言われぬ芳わしい香りに包まれ、鈴のような金色の果実のみのりを見ると、不思議に大変さを忘れます。それに、加工の時、実を割って種を取りだしたりすると、手がすべすべになり、美白になるという恩恵もあります。大和橘の効能かと思います。何かと話題の多い大和橘であり、また魅力的な作物に違いありません。

第3章

大和橘と地域社会

なら橘プロジェクト推進協議会の誕生

「橘かおる朝空に　高く泳ぐや　鯉のぼり」と、太平洋戦争前の小学校唱歌に歌われ、ひな祭りでは右近の橘として雛壇を飾り、子どもたちにも馴染みのあった橘が、いまや知る人も少なく、身近な生活圏ではあまり見かけることのない幻の柑橘類となった。大和橘を再生しようとする活動は、橘を地域社会にひろげ、人々の生活の中に親しみ、ひいては地域が活性化していくことを目指している。

なら橘プロジェクト推進協議会の拠点である奈良県大和郡山市は、柳澤藩15万石の城下町であり、全国有数の金魚の産地として知られている。明治維新で職を失う武士の生活を慮《おもんばか》った、時の藩主柳澤保申の援助によって、水田や溜池を金魚養殖池として金魚養殖産業を興し、武士の新たな職として生活を保障したといわれている。かつては、多くの家庭で涼やかな金魚鉢に金魚を泳がせて楽しむ風景が日本の一つの風物詩でもあったが、現今では、そういう家庭も少なくなり、金魚養殖もかつての勢いはなく、いまは魚町、豆腐町、大工町、綿町、紺屋町、藺町《いのまち》など、江戸時代に城下に商人たちを集めた名残りの町名と、城址や立派な石垣の内堀の佇まいを残す静かな城下町となっている。この城門の前で豊臣秀長時代から450年続く老舗和菓子屋の若い店主が、大和郡山の新たな特産品を作りたいと商工会で検討していた時に、誰からともなく、古事記、日本書紀に記述のある橘を素材にした菓子作りはどうかと提案があった。調べてみると、橘には奈良を舞台にした歴史性や伝承に富み、奈良県産業振興総合センターの機能分析によっても諸々の薬効成分が検出され、現代でも十分アピールできること、しかもその橘がいまや準絶滅危惧種（環境省レッドリスト２０１７）に指定されていることがわかった。それらの情報は直ぐに大和郡山市商工会の審議委員をしていた城健治の知るところとなり、日本固有種の橘を絶滅の危機から復活し、地域活性化につなげようと復活活動が動き始めたのである。城は、その頃、循環型社会のモデルとして自家の畑、１ヘクタール一面に菜の花を栽培し、芭蕉の弟子許六が詠んだ「菜の花の　なかに城あり　郡山」の句さながらの見事な菜の花畑を現出し、ひいては環境問題への関心を提起していた。ところが、大和橘の諸々のデータを知るや、その魅力に憑かれたかのように、同志を募って橘の復活と展開に打ち込み始めたのである。

まず橘を植え始めたのは、この活動の趣意に賛同した久保田有であった。久保田は自らの活動を「橘プロジェクト」と名付け、垂仁天皇陵前の休耕田に植樹をはじめ、オーナー制を取り入れて支援者を募り、植樹や下草刈り、などの手入れや管理を支援してもらう策を取った。オーナーや支援者への報告として「橘だより」を自主発行し、２０１４年から今年２０２０年には55号を越えている。不定期発行ながら、なら橘プロジェクトの歩みがわかる記録となっている。そこでは、「橘プロジェクト」から「なら橘プロジェクト推進協議会」への移行発展も記載され、本格化していく大和橘再生と展開への様々な活動の過程がわかる貴重な資料となっている。

橘街道計画

橘プロジェクトの活動が始まるおよそ2年前、当時の近畿経済産業局総務企画部長であった中村稔氏は、兵庫県庁に出向中、姫路市で開催された第25回全国菓子大博覧会（姫路菓子博２００８）の産業労働部長として事務方の責任者を務めることになり、はじめて橘の存在を知った。やがて、兵庫県豊岡市の中嶋神社が菓子の祖とする田道間守を祀り、橘を素材にした菓子のあること、そして田道間守にまつわる伝承や伝説、奈良市尼ヶ辻にある垂仁天皇陵の堀には田道間守の墓と伝えられる小島があること、しかも御陵の前の農地には既に橘が植えられて、大和郡山市の老舗菓子屋が橘菓子の製品化を模索していること等々を、次第に知ることとなった。さらに、奈良の明日香村には橘寺があり、平城京と橘寺を結ぶ古道（中ツ道）が実は橘街道と呼ばれていたこと、和歌山県海南市にも田道間守を祀る橘本神社があることなど、橘をめぐる伝説と歴史と資源の豊かさに圧倒され、この広汎なゾーンこそ、プラットフォームビジネスのモデルになると直感した。

中村氏はかねてより、わが国の特に地方において豊かな自然を活かした地方創生とインバウンド拡大の基軸として、地域や業種を越えて連携し情報を共有して一定の目的をめざすプラットフォームビジネスの形成を提唱していた。兵庫・大阪・奈良・和歌山を縦断する新しい「橘街道」の発想がこうして誕生したのである。やがて橘街道プロジェクトが結成され、ヨーロッパのロマンティック街道に比肩する新しい世界的な観光ルートをつくろうとの構想と仕掛けづくりが始まった。

中村氏は、兵庫、大阪、京都、奈良、和歌山の有名な和洋菓子店、農業者、観光業、広告代理店などの関連業者に声を掛け、元ＯＳＫ歌劇団の劇作家や舞台俳優などが属する劇団「歌劇★ビジュー神戸」によるオペラ「橘街道」の上演計画など、壮大なプラットフォーム構想を具体化するための仕掛けを準備した。２０１２年、中村氏の呼びかけで、これらのメンバーが一堂に会し、大和橘をテーマに、食文化から観光につながるグランドビジネス構築の具現化が話し合われた。かくて、この活動は内閣府の広域地域資源活用の内閣官房地域活性化モデルケースに選定されたのである。

しかし、中村氏はやがて本省に異動となり関西を離れ、その構想は近畿経済局や大和郡山市に引き継がれた形になったが、地域おこしに必要とされる「モノ・コト・ヒト」のうち、モノとコトは十全であっても、強力なパワーと個性をもち、ネットワークの結集を采配出来る「ヒト」が欠けたことで活動が鈍った。残念ながら、この壮大な構想はいま停止状態にある。中村氏は関西を去った後、この構想を著書「何が『地方』を起こすのか」（２０１６年　国書刊行会）に詳述している。そこには、プラットフォームビジネス構想と橘街道プロジェクトの具体的な活動の方向が記され、「力を合わせてこのプロジェクトを盛り上げていくことが出来れば」と、氏の強い思いが記されている。奈良の地域的特性と制約を考えれば、多種目栽培の小農経営とプラットフォーム構想こそ、奈良の農業を救う一つの途であろう。

写真3-1　中村稔氏の著書

なら橘プロジェクト推進協議会の事業

なら橘プロジェクト推進協議会の活動は、最終目標を地域の活性化に置き、まずは橘の植樹と増産、その優れた特性のＰＲとそれを活かした製品づくりという二本柱を据え、そこから展開できる事業を（図3-1）のように考えた。

事業の方向は、一つは、大和橘の植樹と増産を図る事業で、これは地域資源と環境問題にまでつながる活動であり、プロジェクトのスタッフが中心となる。併行して、大和橘の認知を広め、他業種との協働によって製品化へつなげるビジネスプランがある。大和橘は花・実・葉のすべてが製品化できる素材であり、食・化粧品・生活用品など、多業種協働による商品開発とブランディング、流通を図って地域経済の活性化を狙う。とくに食の面では、薬膳料理や日本料理はもちろん、イタリアンなど西欧料理、スイーツでは和洋菓子、飲み物では日本茶からワイン、リキュール、ビールなど、化粧品では高い香りと薬効機能によって、香水から石けん、クリーム類や入浴剤など、和風洋風のどちらの生活にも利用度は広範囲である。大和橘の特長に魅せられた食の領域での実践は第４章で、性能の科学的分析結果は第５章で報告されている。

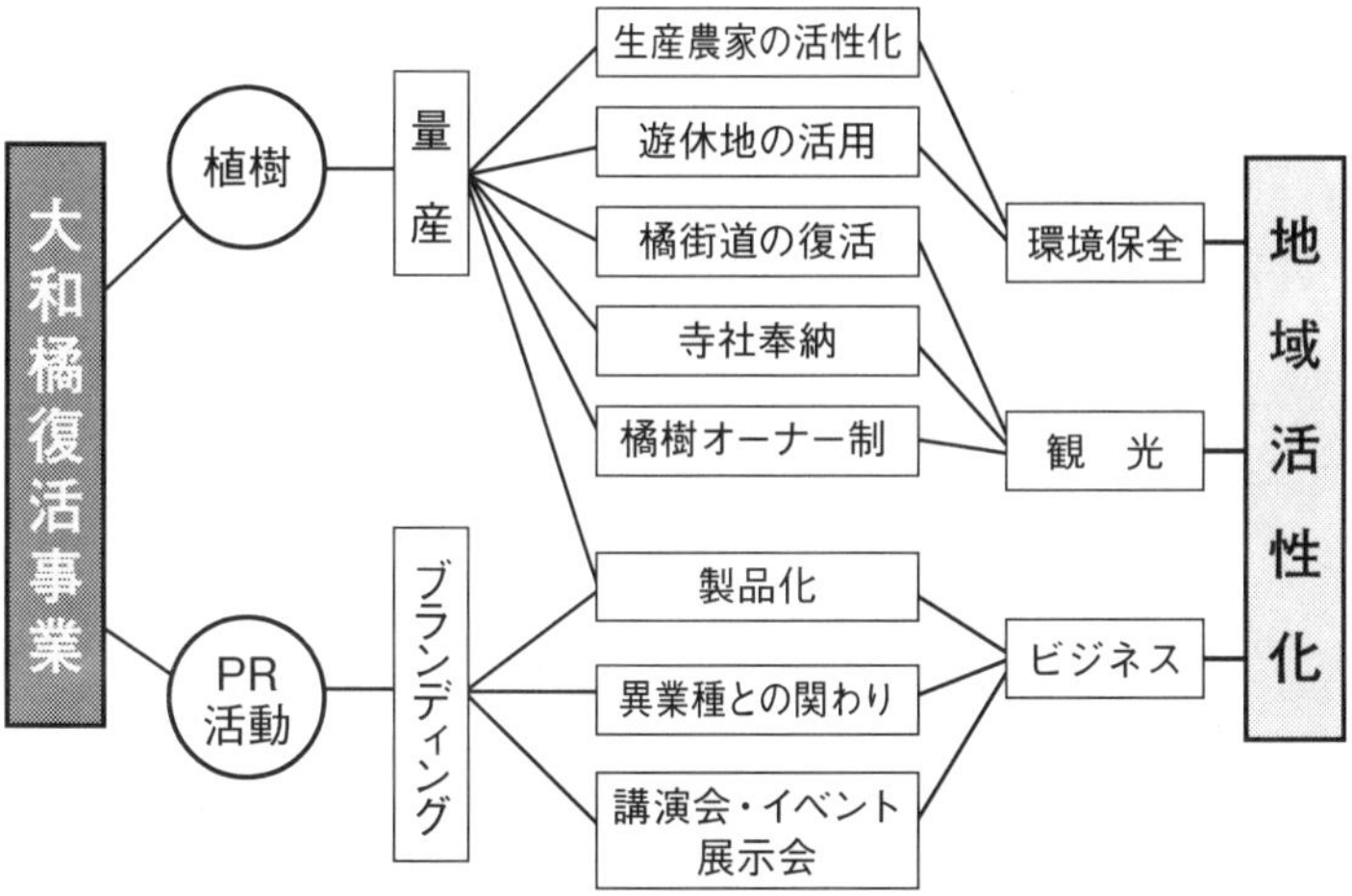

図3-1　大和橘復活事業の展開

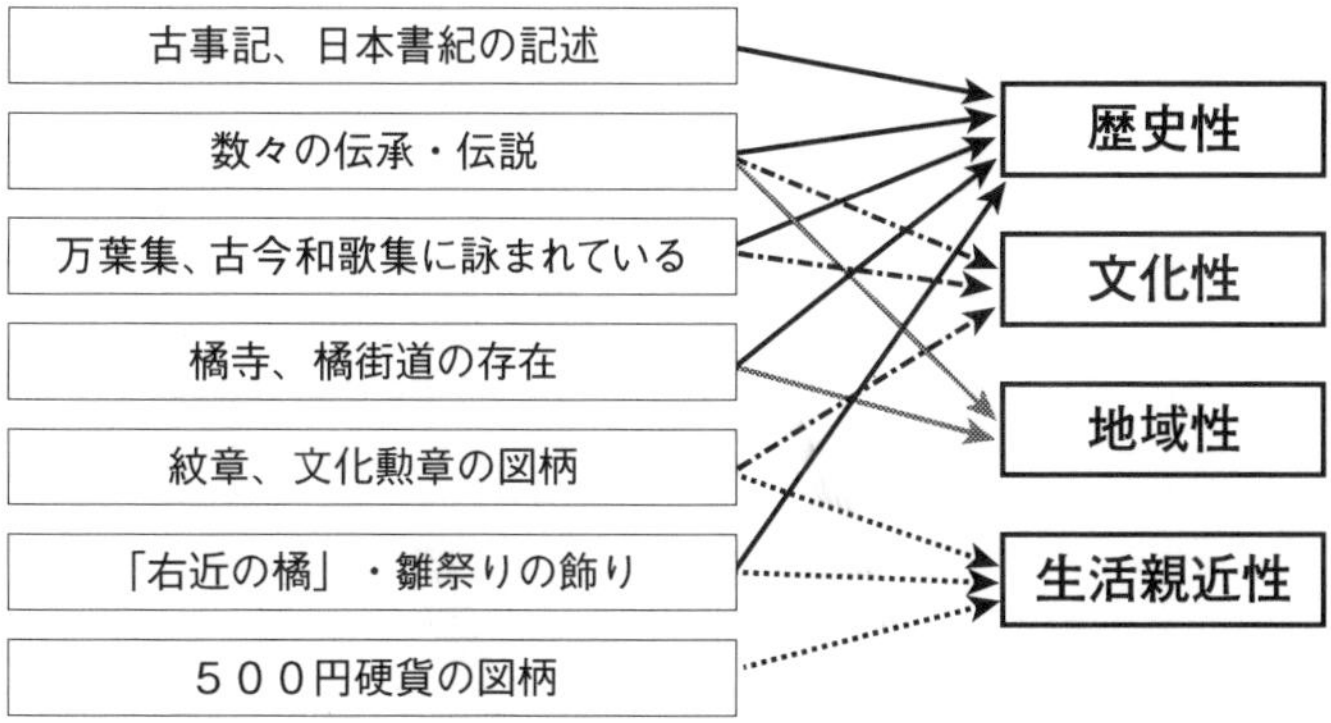

図3-2　橘の社会的文化的要素

大和橘の歴史性・社会性・文化性

大和橘は古代からの伝承伝説、記紀万葉につながる歴史や文化を持ち、寺社とのつながりが深い。神社や古刹の多い奈良の風土と地域性によって、準絶滅危惧種（環境省レッドリスト２０１７）の復活事業は文化的社会的な事業としての意義もある。

大和橘の社会的文化的な側面を羅列的に見ると、図3-2のように、歴史性が最も強く、文化性や地域性を持ち、しかも現代生活の中でも文化勲章や５００円硬貨のデザインなど案外身近なところに橘があることがわかる。

大和橘復活活動では、大和橘を深く知るほど、その魅力に取り憑かれていく様相が見られるのである。逆に言えば、社会的文化的事業は、大和橘に魅せられた熱意なくしてはできない非営利的な活動である。

この7年間、城会長は数えきれないほどの講演活動やプレゼンテーションに走り回り、昨今では大阪、東京にも招かれて講演を行っている。一方地元では、橘街道の実現、山の辺の道への植樹活動が緩やかに進められている。植樹してから果実が実るまで数年かかる樹木であることが、橘農家推進のネックになっているように思われる。しかし、橘の魅力は拡がっており、需要は次第に増えている現状から、今後の活動が問われるところである。

寺社奉納活動

大和橘を寺社に奉納する事業は、奈良ならではの活動である。2014年に始まり大和橘奉納寺社は、表3-1のように、三十数寺社以上となり、植樹数は100本を超えている（2018年8月調べ）。

活動の発端は、奈良県中部にある廣瀬大社が2100年前に橘伝説によって建立され、すでに橘が境内に植えられていることを知ったことに始まる。

廣瀬大社は、奈良盆地の中部、北葛城郡河合町にあり、北から竜田川、富雄川、東から佐保川、大和川（初瀬川）、南から曽我川、高田川、飛鳥川、葛城川などの合流点にあり、水を司る守り神として知られ、近年は毎年2月に行われる「砂かけ祭り」で有名である。社伝によれば、紀元前89年、河合の里長、広瀬臣藤時にご神託があり、一夜で里にある水足池の沼地が陸地に変わり、「丈余の橘数千株が生じた」とある。時の天皇、崇神天皇はこれを伝え聞き、この地に社殿を建造し橘を祀るようになったという。以来代々、神殿の前に橘の木が植え継がれ、江戸時代からと言われる橘の大木が昭和の中頃まで偉容を誇っていたとのことである（写真3-2）。現在も、

表3-1　大和橘奉納寺社一覧（奈良県）奉納年月順

	奉納年月	寺社名	所在地
1	2014年　4月	西大寺清浄院	奈良市西大寺町
2	5月	法華寺	奈良市法華寺町
3	5月	西大寺	奈良市西大寺町
4	5月	福智院	奈良市福智院町
5	5月	菅原天満宮	奈良市菅原町
6	5月	不空院	奈良市高畑町
7	6月	奈良県護国神社	奈良市古市町
8	6月	浄福寺	奈良市興善院町
9	2015年　月	大蔵神社	吉野郡吉野町南国栖
10	3月	薬園八幡神社	大和郡山市材木町
11	3月	郡山八幡神社	大和郡山市柳4丁目
12	3月	大和源九郎稲荷神社	大和郡山市洞泉寺町
13	4月	大安寺	奈良市大安寺町
14	4月	元興寺	奈良市中院町
15	4月	元石清水八幡宮	奈良市東九条町
16	4月	八王子神社	大和郡山市発志院町
17	4月	宗像神社	桜井市外山町
18	4月	良玄寺	大和郡山市茶町
19	5月	長岳寺	天理市柳本町
20	11月	等彌神社	桜井市桜井
21	11月	穴師坐兵主神社	桜井市穴師
22	12月	葛木御歳神社	御所市東持田
23	2016年　3月	橘寺	高市郡明日香村
24	3月	吉野山櫻本坊	吉野郡吉野町
25	3月	世尊寺	吉野郡大淀町北曽
26	3月	相撲神社	桜井市穴師
27	3月	法清寺	宇陀市榛原区萩原
28	3月	唐招提寺	奈良市五條町
29	2017年　1月	柳澤神社	大和郡山市城内町
30	3月	法隆寺	生駒郡斑鳩町
31	2018年　3月	興福寺	奈良市登大路町

2018年8月現在

歴史的に、既に大和橘が植えられている神社（奈良県）

廣瀬大社（北葛城郡河合町川合）	春日大社（奈良市春日野町）
橿原神宮（橿原市久米町）	大和神社（天理市新泉町）
三輪明神大神神社（桜井市三輪）	

境内には橘の木が数本あり、おみくじの奉納樹にもなっている。この社伝により社紋（神紋）は橘で、手水舎の鬼瓦には橘が彫られている。

伝説に従えば、崇神天皇は垂仁天皇の1代前の天皇と言うことで、田道間守が探し求めて常世の国から持ち帰ったときには、既に廣瀬大社に橘が生えていたことになり、二つの伝説は辻褄が合わない。

写真3-2　廣瀬大社　橘の大木

民俗学の柳田國男によれば、昔話と伝説の違いについて「昔話は動物のごとく、伝説は植物のようなもの」（「日本の伝説」１９２９）という。昔話は方々を飛び歩くから、どこに行っても同じ姿を見かけるが、「伝説はひとつの土地に根を生やしていて、そうして常に成長していくもの」としている。橘をめぐる廣瀬大社と田道間守の二つの伝説は百年近い隔たりがあり、別個の、固有の橘伝説と思えばよいのであろうか。しかし、それほどに橘は神話の世界に登場する樹なのである。

この二つ伝説に共通するものは、橘と天皇である。橘が天皇との関わりによって権威づけられる何かをもっているのであろう。京都御所紫宸殿《ししんでん》の前に植えられている橘もまた、天皇家との関係を物語るものである。廣瀬大社は、日本書紀、延喜式にも記され、明治4年には官幣大社となり「戦時中（注：太平洋戦争中）も、橘の肥料が時の内務省神社局から下賜されていた」というほどの格式高い神社である。現在、そこに伝わる橘伝説はあまり知られていないようだが、参拝者は、境内の橘の木の周りにおみくじ札を結び付けている。現在では日本史の教科書にも登場しない二人の天皇の名が、大和橘再生活動に際してアピールされているが、若い世代にどれほど浸透力があるのであろう。50歳代以降の世代では、「橘？名前は聞いたことが有るが、見たことがない」と答える。廣瀬大社の樋口俊夫宮司に、橘伝説や橘の再生について、何故もっとアピールされないのですか？とお尋ねした時、「橘と言っても、今の人はそれ何ですか？と言って、何も知らないので……」と苦笑された。

なら橘プロジェクト推進協議会のメンバーは活動を始めるに当たって、廣瀬大社境内の橘の枝を拝領して接ぎ木をして苗木とし、植樹活動に入ったという。「大和橘を境内に植えさせてほしいとの申し入れには、どの寺社も喜んで受け容れてくれた。大和橘のもつ神秘性や魅力のゆえではなかろうか」と城代表は語っている。

御朱印帳で奉納寺社めぐり

２０１７年5月、奈良西大寺で催された「第1回大和橘の未来を考える会」では、西大寺伝統の大茶盛を味わった後、香りの研究者、富研一氏の「大和橘の魅力」と題した講演が行われた。その会のプログラムには、

「わが国の固有種で絶滅危惧種の大和橘を古事記日本書紀に記された故郷の地、奈良で甦《よみがえ》らせようとする活動も6年目を迎えます。

その間、大和橘の花や実、葉や香りには、古代に不老長寿と謳われたとおり、現代人にとってもかけがいのない成分が含まれていることがわかりました。大和橘を、みなさまと共に奈良の地に植え、その気高い花と香りで多くの人々を惹きつけ、実や葉、そして香りで奈良を代表する地域特産物をつくることがこれからの課題です。

香りの専門家である富先生に、大和橘が秘めている成分と、その応用の可能性についてお話を伺います。」との一文がある。

この催しは「橘の香り高き御朱印帳を手に奈良の橘奉納寺社巡り」の企画で、奈良県文化資源活用事業に採択された。橘の精油を滲み込ませた御朱印帳を参加者に配布し、それを携えて橘奉納寺社を巡拝してもらう。寺社を巡ることによって、大和橘に

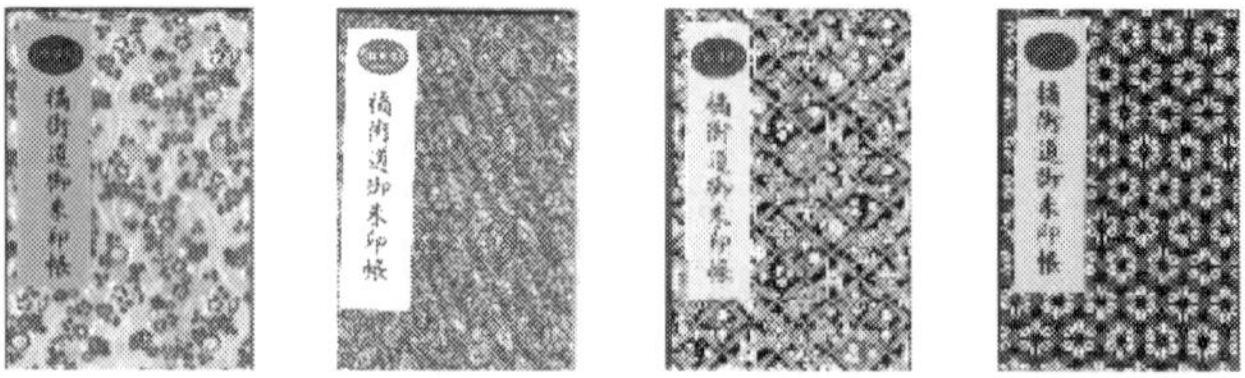

写真3-3　配布した御朱印帳

表3-2　参加者へアンケートと、その結果（一部）

絶滅危惧種である大和橘の復活活動について、
どのように思われますか？（回答％）

大変良い	良い	必要ない	興味がない
86％	14％	0	0

橘の香りのする御朱印帳のご印象はいかがですか？（回答％）

良い匂いである	香りはしない	香りづけは必要ない	その他	不明
79	10	0	10	2

御朱印帳をもって、いくつぐらいの寺社巡りに
挑戦されるご予定ですか？（回答％）

1～5	6～10	11～15	16～20	21社寺以上	寺社巡りはしない	無回答
26	19	19	0	33	4	（3票）

ついてはもちろん、寺社の故事来歴を知ってもらい、奈良の歴史や風土に触れてもらう企画であった。奈良県内各地と大阪、京都などから、80名の参加者があり、67％が40～50歳代の方々であった。

大和橘復活についてはほとんどの人が賛同してくれていること、御朱印帳の香りもおおむね良い香りと評価してくれていること、御朱印帳を持っての寺社巡りも、ほぼ主催者の期待値に近く、大和橘普及の目的のひとつを果たしたと思われる。

数年前から御朱印集めに神社仏閣巡りがブームと言われるが、その系譜をたどると、太平洋戦争前から戦後にかけては、日本文化論にまで発展した和辻哲郎（『古寺巡礼』）や亀井勝一郎（『大和古寺風物誌』）の著書を手に奈良の古寺を巡るのが静かなブームであった。これを第1期とすると、第2期は、新幹線の開通や１９６０年代、当時の国鉄による〈ディスカバージャパン〉キャンペーンが京都、奈良の古都めぐりを巻き起こし、修学旅行のメニューにも入って、世は観光ブームとなった。「どこに行っても、中小学校生が喚声を上げてかけまわっていて、大仏殿の中などは運動場のようだった。」と『ビルマの竪琴』の著者である竹山道雄は印象を語っている（『古都遍歴―奈良』１９６９年）。第1期では、古寺、仏像の巡礼は美術鑑賞か宗教かと論争されたが、第2期になると観光の大衆化によって、宗教とも美術鑑賞とも無縁な人々の古寺巡りとなった。昨今の御朱印集めの古寺巡りを第３期と位置付けるなら、中高年による西国八十八個所巡りの御朱印集めにはじまり、美しい意匠を凝らした御朱印帳がデパートでも売られるようになって、宗教性とも美の鑑賞にも無関心な、主として若い女性が、車を利用して寺社をめぐる新しいスタイルが現われた。観光産業の中に組み込まれた巡礼のすがたである。随筆家の白洲正子は、既に１９６０年代に「例えば法隆寺に行くのでも（中略）菜種やれんげの花が咲いている畑の中を縫って行くと、遠くの方に法隆寺の五重塔が見えて来る。（中略）その間に仏さまを拝むという気持ちが次第に作られて行く。お能の橋掛でも、歌舞伎の花道でも、舞台に至る迄の過程が面白いのと同じことで、バスや車で乗り付けたのでは、興味は半減します」（『私の古寺巡礼』１９８８年）と、歩くことで醸成される古寺や仏像に対する感性を大切にした。昨今の寺社巡りは、いったいどんな枠組みでとらえればいいのか。

なら橋プロジェクト推進協議会が企画した寺社巡りの目的は、大和橋が植樹された社寺を訪れ、最終的には奈良観光につなげる狙いがあった。けれども、それより深く、現代人、それも若い人たちが古刹や由緒ある神社を訪れ、寺社の杜、深い木立に包まれることによって、日常生活の中では触れることのできない、神々しさ、荘厳さ、畏怖、厳粛、敬虔などの感覚を実体験することができたらと言う想いがあった。

奈良の古い、とくに観光化していない神社や寺院は、何十年何百年いや何千年を経た、手つかずの自然、深い森のなかに佇んでいる。里山も鎮守の杜も遠くなった都市化の環境の中で生活する現代人が、緑深く清澄な空気、森閑とした自然の中で、目に耳に肌に迫ってくるものは、なにであろう。それは、祈りに近い感覚ではないだろうか。若者たちが、白熱したスポーツ観戦等で、あわやと言うシーンで両手を合わせて必勝を祈るしぐさは、教えられたものでも決められた事でもなく、人間だけがもつ祈りの心の発現であろう。祈りの原体験をとおして、御朱印帳ブームが単にトレンディなものとして終わることなく、寺社めぐりで体験した感覚が日常生活の癒しとなれば、と思わずにはいられない。美術や宗教とは無縁であっても、現代生活に欠けた潤いの一滴、清涼な一陣の風になればと思う。第3期の寺社巡りは、御朱印帳を介して非日常世界の体験が特徴づけられよう。

農福学の連携

奈良市北西部の丘陵地帯に梅の名所として知られる追分梅林がある。梅林を管理する農業生産法人追分梅園組合は、十数年前4000本あった梅の木が水害で大半が枯れるというアクシデントに見舞われ、土地改良工事の後、新たに4000本の梅の若木と５００本の大和橘が植えられた。なら橘プロジェクト推進協議会の活動を知った組合長の計らいである。しかし、組合員の高齢化によって農地や樹木の管理育成が困難となり、梅林の維持さえ不安を感じるまでになっていた。その頃、奈良県初の「ＳＰＳ若年認知症サポートセンターきずなや」が、認知症者の働く場支援、居場所づくりの目的で追分に開所することになった。

若年認知症とは64歳以下で発症する認知症者を言い、わが国では高齢認知症者４６２万人（２０１２年）の１００分の１程度であるが、そのために誤解や偏見にさらされ、介護サービスの利用や地域における生活が困難な状況にある。２００８年になって厚生労働省は対策に着手、コールセンターの設置、支援体制（就労支援ネットワーク）の構築、研究・広報・啓発活動等が実施され始めた。

奈良県では、２００９年にいち早く、有志団体によって①居場所②交流③理解④相談の４本の柱を据えた「若年認知症サポートセンターきずなや」が設立された。その後一般社団法人として法人格を取得し、２０１８年現在10数人の認知症者が通所し、奈良県の職員が出張して対応や電話相談を受けている。

「きずなや」は、大和橘の復活事業に賛同し、しかも大和橘の香りの成分が認知症に有効であることを知り、植樹活動に積極的に参加し、若年認知症の人たちが土地整備から植樹作業、畑作農地の整地、水やり施肥等、多種多様の作業を、ボランティアや地域の人々とともに働く場にしようとしたのである。

「きずなや」の報告書（２０１６年）には、「大和橘の作業を通して、当事者同士の交流もでき、農業や働くことをしたい当事者たちの表情は、日に日に明るくなった。」（報告書『時空を超える地域プロジェクト―若年認知症者と共に大和橘再生へ―』p.8）とある。収穫した橘で、橘茶をはじめ、ジャム、橘バター、橘くず湯、入浴剤など、僅かながら商品化も手掛けている。

現在は、隣接する近畿大学農学部の学生数人が、梅園や大和橘の管理を手伝っている。２０１８年3月の観梅会では、大和橘の記念植樹を呼びかけ、家族づれやペアー、80組の人たちが奈良盆地を見はるかす丘陵地に大和橘の植樹を楽しんだ。若者たちが参入して、

写真3-4　追分に立つ案内板

写真3-5
家族で大和橘の植樹

認知症者による野菜作りやハーブづくりをサポートし、障がい者の作業を軽減化するレイズドベッドを並べて多種類のハーブ栽培を実験的に行っている。

また、近畿大学農学部食品栄養学科の学生のサークル「まほろば倶楽部キッチンサークル」では、若年認知症者とその家族と共に、大和橘や大和当帰を使った料理教室を「きずなや」を会場にして開こうと準備をすすめている。大和橘の効能が少しでも活かされれば喜ばしいことである。

歩みは遅々としているが、大和橘の性能を活かそうとする活動は進んでいる。

活動資金について

活動資金は、初期段階では本拠地大和郡山市や奈良県など自治体や企業からの助金に大きく依拠し、橘の苗木の購入資金に充てた。しかし商品開発の段階になって、民間のクラウドファンディングREADYFORによって、新しい製品開発を行うことができた。そこで誕生したのが、全国マスターズブランド2018で認証を受け、人気の高い「橘こしょう」である。READYFORの立ち上げから成功へ奔走したG&L共生研究所の大井良子がその奮闘を語っている。

READYFOR（レディーフォー）への道

大井　良子

私が経験したこと

私が「クラウドファンディング」という言葉を初めて聞きましたのは、平成28年11月、G&L共生研究所の大石正所長からでした。クラウドファンディングとは群衆（Crowd）と資金調達（Funding）という言葉を組み合わせた造語です。インターネット上で、事業資金等を必要としている団体等に対して、その事業（プロジェクト）に共感したネット閲覧者の方々が、一口1000円程度から出資して、プロジェクト実現のために支援を行う仕組みです。大石所長より「クラウドファンディングをどう思いますか？」と私の意見をお聞きになりました。その時には全く私にはクラウドファンディングについての知識がございませんでしたので、何も申し上げることができませんでした。その後、なら橘プロジェクト推進協議会の城会長と大石所長がクラウドファンディング運営会社を訪問され、担当者と具体的な話をされましたが、クラウドファンディングには支援者へのお礼のための返礼品（資金）が必要とのことで、プロジェクトの立上げを見合わせていらっしゃいました。

平成29年３月、私は福岡県中小企業振興センターよろず支援拠点・クラウドファンディング推奨担当者とご一緒する機会がございました。その際に私は、なら橋プロジェクト推進協議会のこれまでの５年間のボランティア活動状況をお話申し上げました。そうしましたら「大和橋は歴史的文化的背景がとても深く、クラウドファンディングにのる公共性を備えている」とのお言葉を頂戴しました。私はそのお薦めから、大和橋を全国の皆様へ紹介する為にも、このクラウドファンディングは絶対に行うべきとの決心をいたしました。

そして大石所長の許可のもと私は、平成29年の５月より日本国内№１規模のクラウドファンディング運営会社、ＲＥＡＤＹＦＯＲ株式会社を利用しまして、大和橋のクラウドファンディングを立ち上げることとなりました。クラウドファンディングの事務局はＧ＆Ｌ共生研究所が一手に引き受け、私が事務方（ＲＥＡＤＹＦＯＲ㈱担当者との打合せ窓口）としての責任者となりました。

なら橋プロジェクト推進協議会　城会長の指揮の下、私は５月連休を返上して、来る日も来る日もレディーフォー担当者と共に、どのようなプロジェクトページ（レディーフォーインターネットサイト上の大和橋サイトのページ）を作り上げるべきか、夜遅くまでの打合せの日々となりました。城会長に大和橋にまつわる様々な資料をいただきました。またお電話にて直接、大和橋についての色々なエピソードをお聞きしました。

そうして完成したのが、タイトル【2000年の時空を超える伝説の神木「大和橋」の復活と再生！】プロジェクトで、無事にクラウドファンディングサイトが立ち上がりました。大和橋を使いスパイス「橋こしょう」を開発製作するための資金集めが目標です。資金調達希望金額は800，000円に設定をしました。

平成29年の7月7日、プロジェクトは成功裡に終了させることができました。橋こしょうの開発製作費、877，000円の資金調達を募ることができました。62人の寄付支援者の半数以上が城会長の人脈の大和橋の支援者で固められました。城会長がプロジェクト間の50日間、多くの方々の支援要請に奔走された事が成功の鍵であったと思います。プロジェクト達成後の会計管理や出来上がった橋こしょうの発送等はG&L共生研究所員全員で行いました。今回のなら橋プロジェクト推進協議会とG&L共生研究所のクラウドファンディング・コラボレーションは、大石所長が掲げる「地域との連携を目指して、地域活性化へのステップを踏む」と言う実践理念そのものであったと感じております。プロジェクト終了後の現在もレディーフォーサイトには、なら橋プロジェクト推進協議会の活動状況を新着情報としてアップロードし続けております。ソーシャルビジネスという社会貢献事業に関心のある全国の人々が大和橋サイトを今も現在進行形として閲覧してくださっている事を思いますと、私は「大変だったけれどもクラウドファンディングにトライして本当に良かった、良い経験が出来た。Ｇ＆Ｌ所員の皆様の支えあっての成功だ」と心の底よりしみじみ感じております。

私が感じたこと

見ず知らずの支援者の方々からの感謝のメールをたくさん頂戴したことは思わぬ喜びでした。

「このプロジェクトに支援者として関わったことを誇りに思います」「返礼の橘を大きな素焼きの鉢に植え、成長を楽しみにしています」「御祝いの贈り物に『橘こしょう』を使わせていただきました」等々のお礼の声がメールで届き大変嬉しく思いました。

インターネットの閲覧だけを通して資金（お金）が動くという現代社会の最先端の事業形態を経験できました。それは私にとって大変貴重な記念碑的な経験となりました。その機会を与えてくださいました大石所長に大変感謝しております。

なら橘プロジェクト推進協議会の立役者は橘を植樹して管理育成を行っている仲尾さんを始めとする農家の皆様です。その皆様が山の辺の道にて、ボランティアとして、もくもくと頑張って来られたお姿が、ここ福岡の私の心にもありありと浮かびました。レディーフォー橘サイトは「成功した柑橘プロジェクト」として、これからもずっと全国の皆様の目に触れることとなっています。今後ますます大和橘は人々の関心を誘うでしょう。２０１９年には平成の時代が終わり新時代が始まります。その新時代の訪れの中で、ご神木としての橘が人々の琴線に触れるでしょう。橘サイトの新着活動状況報告数は34テーマにも上っています。これからも活動報告を行い、インターネットを通して多くの新たな大和橘ファンが生まれることが考えられます。そのことを私は大変嬉しく感じております。

大和橘の商品化への道のりについて

大和橘を商品化して、販売し利益を得て、植樹の管理育成に回す仕組みを作ることが肝要であるといつも思っております。城会長がその第一歩を「橘こしょう」と言う形で行いたい、という切なる希望は達成さ

写真3-5　橘こしょう

れました。

今後の展開は、新たに橋に関わろうとする新しい人材に委ねられるでしょう。その様な人材がレディーフォーの橋サイトを見て現れるかもしれません。そう言う意味でも日本を代表するクラウドファンディングサイトにプロジェクト成功の足跡を残せたことは、大変良かったと思う日々です。

※※※※※※※※※※※※※※※※※※※※

大和橋オーナー制

資金も人員も乏しい状況でスタートしたなら橋プロジェクト推進協議会の橋復活を達成するためのもう一つの方策は、大和橋オーナー制である。一口4500円でスタートし、初年度2014年には300名を越えた。

その後加入者数は伸びず、2018年現在では450名である。オーナー制の頭打ちは、なら橋プロジェクト推進協議会の検討課題である。オーナーは、奈良県在住者が60％に近く、大阪府が25％で、あとは兵庫県、京都府が続くが、関東、北陸からも加入がある。オーナーのお蔭で、山の辺の道の橋は順調に育っている。横浜市の橋久美子さんは、橘姓のご縁で、年齢に因んだ35口を申し込んでくださった。

橘　久美子さんからのお便り

自分の苗字だからという理由で手元に橘を置きたいと思ったのが橘について色々調べるきっかけでした。日本古来の柑橘類で昔から愛されてきた木にも関わらず、絶滅危惧種に指定されている現状を憂えていました。そのため、「なら橘プロジェクト」の大規模な植樹を知った時はとても嬉しく、すぐにオーナーズクラブに参加させていただきました。橘は花だけでなく、実も葉もそれぞれ異なる素敵な香りがし、真っ白な花や黄色く熟した小さな実は見た目も可愛い。目も鼻も楽しませてくれます。更に、「なら橘プロジェクト」では橘を使ったお茶やお菓子の開発にも取り組んでおり、これがまたどれも美味しく味覚までも満たされます。あれだけ多数の橘を維持、管理するのは大変だと思いますが、これからも長くプロジェクトが続くことを願っております。そして、もっとたくさんの方が橘を知って、好きになってくれますように。

橘オーナーの方からの励ましは、なら橘プロジェクト推進協議会のメンバーにとって、何よりの推進、努力へのエネルギーになるであろう。

橘を植樹する活動は、大阪府の羽曳野市、三重県の鳥羽市でも行われている。いずれも市の木が橘であり、既に橘を素材にした食品などの商品化もすすんでいる。また静岡県の沼津市戸田地区では橘の原生地でもあり、これまで地域の特産であった榊やミカン栽培のかげりを補おうとする熱心さで橘栽培を進めている。

奈良の地でも南部の明日香村を中心に、企業のＣＳＲや奈良県と協定して積極的な橘のブランド化が進んでいる。いずれも大和橘に魅せられた活動であろう。

ひろがれ！大和橘、を願うばかりである。

（木村　都）

第4章

大和橘を食す

―美味しい出会いがもたらすもの―

「日本古来の品種」という歴史を持ちながらも、小さくて苦味があり酸味が強く、商品化するのは難しいとされてきた柑橘類。そんな大和橘に、奈良県屈指の食のプロフェッショナルがこぞって魅了されている。

この章では、すでに大和橘を使い商品化している方々による寄稿文とお店取材から、その魅力について探る。

薬膳料理研究家から見た大和橘

薬膳料理研究家　オオニシ恭子

「媚びない味と香り」

大和橘のほろ苦さの中にある甘さ、そして身を清めてくれそうな凛とした香りは、甘美で刺激的な誘惑とは違う、媚びない清々しい世界観を思い起こさせてくれます。これが大和橘に最初に出会った時の私の印象でした。

橘は日本古来の木で、かつては日常の身の周りにあり、その実や花や葉が愛でられ使われていたと想像できるほど、古事記、万葉集、源氏物語、伊勢物語に登場し、万葉集では68首の歌が詠まれています。

橘の木のそばでまどろんだり、衣に橘の香りを焚き込んだり、橙色の実を数珠つなぎにして腕輪にしたり、春に咲く白い花、枝が若葉をつけてひろがりその葉を通して香りを運ぶ風に刺激されて愛しい人を思い出したり、葉に雪が積もっては春を待ち遠しくおもったり、一年を通じて生活のそばにあったであろう橘は人により添い、人もまた橘に寄り添っていたのでしょう。

２０１３年、奈良に来て間もない頃、大和橘に出会いました。それは歓喜を伴う興奮に近いものでした。子供の頃から橘は見たくても見たことのない幻の木となっていたからです。毎年３月が近づくと父親が用意してくれるお雛様の赤い段々にお内裏様や右大臣、左大臣、官女さまなどが綿の面隠しをとかれて顔をあらわにし、小道具を持たされ、赤い毛氈《もうせん》の上に位置して生き帰ってくるのを神妙な面持ちで内心わくわくしながら見ていました。最後に桜と対で出される鉢がミカンでなく橘だということを聞かされていましたが、見たことのない、味わったこともないものでしたし、どんなおおきさ？　どんな味？　どんな匂い？　どこにいけばあるの？　という本物をみてみたいな、あじわってみたいなという橘への興味は、子どもの頃のままで風化していったのです。

１９８１年に私は渡欧し、32年間ベルギー中心にフランスやオランダで食育活動をしてまわっていました。2011年の東日本大震災を機に帰国を決心し、2013年の1月から奈良に住み活動を続けています。

奈良に来たのは、以前に奈良で講演した時に出会った方々の印象から、同じ思いの方々に会えるような気がしていたからです。菜の花プロジェクトの方や、なら橘プロジェクトの方々と知り合い、忘れられてしまいそうな日本古来の良さを復活させようとする情熱に出会いました。

そして本物の橘を、子供の頃から長年幻だった橘を手にすることができたのです。手に持ち、匂いを嗅ぎ、口にし、お茶を飲み、これが橘、なんという芳しい、しかしなんと控えめで媚びない味と香りなのだろう。西欧でなじんでいたローズマリーや、リンデン（菩提樹）、シナモンなども好きだったけれど、橘のほろ苦さの中の甘み、清涼感はかつて経験したことのない格別な品格を感じさせました。

まだまだ一般的でない貴重な大和橘の実や葉なのですが、収穫の時期が来る度になら橘プロジェクトから分けてもらったものを大切に料理で冒険してみるのです。大和橘を手にする度に、これが日本人の香りであることを日本人に思い起こさせ、世界の人々にも日本の香りなんだということを知らせたいという、なら橘プロジェクトの思いが実感されました。大和橘には他に類を見ない抗酸化作用があるという研究結果が出たともききました。昔の人は、橘を愛でつつも自分の健康を守ってきたのかと思います。かつて自然と一体になって生きてきたからこそ、情緒も健康も身近にあり得たという現代人が見失っているものをおもい知らされます。

古来「花、橘」といわれ、お雛様の下壇に飾られるほど日本人が愛した二つの花と実であったことでしょう。花といえば桜というほど、日本人にとっては未だに桜が咲けば心は浮きたって開花時期を気にするほどであるのに、なぜ橘は一般的ではなくなったのでしょう。その薬効も昔から確認され、橘は井伊家の井戸のそばにいつもあり、家人が不調の時は役だてきたといいます。井伊家の家紋になっていました。

以前に入手した資料に元号「令和」の典拠となる、天平２年（７３０）に太宰府で行われた歌会「梅花の宴」のお膳のことが書かれていました。橘は「木菓子」の項目のなかにあり、干し柿、干棗《ほしなつめ》、ハスの実、栗などと供にされています。宴のお膳は海の幸、山の幸と大変豪華です。歌会と宴会と二部に分かれ、お膳も歌会では清酒、肴は鯖、アワビ、クジラ、百合根の梅肉和え（奈良時代以前に梅の燻製のようなものが

写真4-1　木菓子

伝わっていたらしい）、たらの芽がでていて、宴会では白酒、ご飯、蛤の潮汁、むぎなわ（米粉と麦粉に塩を加えて練り、細くしたものを煮た素麺の元祖）、小豆、のびるの和え物、鱠《なます》に鯛、烏賊、つのまた（海藻）、わさび、大根、干物に鮭、鹿、雉、焼き物にさざえ、平皿に鮎、茹でものに里芋、レンコン、ごぼう、芋茎《ずいき》、蒸物に鮑、漬けものにアザミ、ヨメナ、白うり、ニラ、それから蘇（チーズ）、木菓子（上記）、最後に唐菓子として環餅（まかり―米麦の粉を細く伸ばしてさまざまな形にして揚げた菓子）、結果（かくなわ―小麦粉を練って紐がもつれたような形で揚げた菓子）、草餅（母子草）、心太、芋粥（山芋、甘葛）と現代に劣らず、いやそれ以上に贅

写真4-2　饗宴の膳（太宰府展示館提供）

を極めている献立だと思います。食材をこれだけ集めるだけでも大変なことであったはずです。これらの東西南北奔走し集めたかもしれないご馳走のなかで、小さな生の橘を手にして香りを嗅ぎ、そして皮に歯をおろし静かに齧《かじ》ってゆっくり苦味のある複雑な橘を味わったことは、一種の清涼感がもたらされたのではないでしょうか。

大宰府は、当時唐が重要な世界の文化の中心地であった時代の外来文化情報の港だったのですから、都に次ぐ重要な場所だったのでしょう。そこで行われる政《まつりごと》は中央に匹敵する、あるいはそれ以上に斬新で誇り高い形式をとったにちがいありません。唐が栄えている間は花も唐と同じ梅をよしとしていました。都は唐の文化に傾倒し、刺激されながらもおそらく、都の誇りとして日本独自の形を作りたいと思ったにちがいありません。だからこそ京への遷都もあったのでしょう。花も桜に変わったのではないでしょうか。それまで漢字一辺倒だったことも崩れ、かな文字が盛んに広まっていったのも、ようやく大和の国の独自性に目覚めてきたのでしょう。

橘は日本固有のものであったからこそ、そのまま問題にならず金柑やみかんに替えられることはなかったのでしょう。もともと奈良時代、唐の厄払いをまねて、紙人形を川に流すことから始まり、平安時代には子供たちが天皇、皇后のように結婚できますようにという願いをこめた紙の内裏雛遊びが流行し、雛壇を飾るようになったのは江戸時代になってからのようです。そこに桜と橘が飾られているということは、江戸300年の鎖国を考えるとますます日本固有の形をとっていったに違いありません。

そして再び、開国と同時になだれ込んだ西洋文化の荒波のあと、橘は忘れ去られ、レモンだ、オレンジだと食の世界も変わり果てました。それはそれで、いつも新しいものが刺激的で魅力がありますが、等分に比較した時、それぞれの個性を冷静に評価する時がきます。西洋文明のなかにいた私は日本を再認識し、日本人であることを思い出さずにはいられなくなった、そういう時期に本物の橘に出会ったといえます。

私の大和橘とのおつきあいはなら橘プロジェクトから、大和橘をどう使えるか色々に研究し、それをなら橘プロジェクトのスタッフに披露してくださいという依頼で、貴重な大和橘を支給され、慣れていない大和橘との格闘？　では決してなく、どうしたら仲良くなれるかのおつきあいの機会を与えられました。

大和橘は甘さに溺れた現代人の舌には確かに苦い、この苦味をなんとかしなければ受け入れられない、と思われそうです。しかし、苦味の効用こそ現代に必要なのです。この苦味を甘みで消そうと大量の砂糖を使うなんて大和橘の望むところではないでしょう。苦味は「良薬は苦し」「臥薪嘗胆」と言われるように心地よくはないけれど時には必要な体の薬ですよ、といわれています。

私、オオニシ恭子のやまと薬膳、食の方程式では、味は体を緩めるから締めるまでの7段階に分類します。
1、辛い、2、甘い　3、酸っぱい　4、うまい、5、塩甘い　6、塩っぱい　7、苦い　そのうち、大和橘はもっとも体を締めてくれる「7」になります。
具体的には緩んだ体を締めてくれるものなのです。大和橘に限らず、全ての食品にはそれぞれの環境で生きていくための工夫があり、生命のエネルギーのために7つの味となるような物質を微妙に持ち合わせ、それぞれの味を際立たせています。大和橘に関して言えば、苦い味成分が印象付くとすれば、この風土にはその成分が必要だということなのです。大和橘は日本の風土の中で生き延びる成分を持ち合わせているといえます。しかし苦味の中に甘みもあるし、酸味もあります。大和橘と仲良くなるには、その個性をよく理解したいものです。そうすれば大和橘も協力的になって喜んでくれるはずです。

そう思ってキッチンで大和橘と対話しながらレシピはいろいろできましたが、大和橘の実は他の優れものたちと一緒に仲間になってもらって皮を干して細かくしたミネラルコンプレックスとしての〝ふりかけ〟や、特別な時のための黒豆とのコンビの浄血作用たっぷりのワインのようなジュースや、塩煮、塩麹漬けなど美味です。そしてわたしがもっとも好むのは、媚びない味と香りの大和橘をそのまま凍らせて、何も壊れることなくそのすべてをわたしの口の中でゆっくり溶かし、素顔の橘を感じながら細胞にとりこんでしまうことなのです。

一足先に西洋人を夢中にさせたものに「ゆず」がありますが、「大和橘」の媚びない味と香りは凛とさせるものがあります。飽食が行き過ぎた現代、世界のシェフたちも今後はほってはおかないことでしょう。日本人にとって、この小さな品格ある味と香りを愛でた先人たちのように、もっと身近なものになるとよいな、と思います。

●プロフィール
オオニシ恭子
自身のひどい手荒れをきっかけに食事療法研究の道へ。桜沢リマ氏に師事。1981年渡欧し、海外で32年にわたる日本的食事法を基本にしながら、欧州に合う「ヨーロッパ薬膳」の活動を経て、2013年1月より奈良へ移住。
現在は「やまと薬膳」の活動を行う。「体をととのえるお食事の会」や料理教室を開催。

大和橘に出会う～創意工夫する楽しみ～

ここでは大和橘に出会えるお店を紹介する。大和橘に魅了された料理人が魔法をかけると、そのマイナスにも思える特性が魅力となって最大限に引き出されるのである。それはまるで食にとどまることのない、洗練された芸術作品のようでもあった。大和橘をつかったメニューの解説と、「食」のプロフェッショナルから見た大和橘の魅力について語っていただいた。

「白（つくも）Tsukumo」

お話を伺った人　料理長　西原　理人氏
取材・文／加藤なほ

奈良の魅力と大和橘への想い

10年間、京都の日本料理店で修行し、そのあとにニューヨーク、ロンドンと海外で働きました。当時の海外では科学者と料理人が組んでメニューを考案することが盛んでした。海外の料理はどんどん進化を遂げながら構築していくスタイルでしたが、そのことに対して違和感があったのです。日本に戻り、独立したときに奈良という土地を選んだのも、日本最古の都でもっと奥の深いものをつくりたいという想いがあったからです。上に構築していくより、もっと掘り下げていくうちに新しい何かができればいいなと。何があるかはわからないけれど、漠然と奈良にはそういう魅力を感じていました。城さんと出会い、大和橘を見て「これだ」と思いました。２０００年の歴史があり、日本古来の原種である。なのに身近では誰も知らなくて。「左近の桜、右近の橘」で名前くらいは知っていても、実物を見たことがない。花は何か、実は何か、ものすごく古くて歴史があるのに、誰も知らないという橘。このことに目から鱗でしたのですぐに飛びつきました。

苦味は取り除いて、素材の良さを出すということが今までは主流でしたが、時代の流れもあるのか、苦味とかアクをあえてうまく活用しています。その辺りの工夫は難しいというよりは、面白さの方が勝っています。「シルクロードの終着点」と言われる古都奈良のように、大和橘は自分の中の料理の終着点のような気がします。掘り下げていった料理の中で、特別な柑橘として橘が存在しています。

デザート『花橘』（平成30年5月限定）

五月待つ花橘の香をかげば
昔の人の袖の香ぞする
（古今和歌集・伊勢物語　花橘）

「五月に咲く花橘の香りをかいで、昔の人をしのんだことを詠んだ和歌があります。
実際この和歌のしおりに、橘の新芽の香りをしめらせて、歌と橘の香りを堪能して頂いてから、和菓子を召し上がっていただきます。五月限定でお出ししました。今年はじめての試みでした（写真①）」

写真4-3（写真①）花橘　つぼみの状態をイメージ

「橘のつぼみがひらくと、こういう形になります（写真②）。食べていただくときは、楊枝で花を開き、そこに果皮によるシロップ状の香水をかけて召し上がっていただきます。

花弁は羽二重クレープ。餅粉を加えたクレープ地になっています。ペースト状のものは黄色い皮の部分と味噌餡をあわせたもの。白いメレンゲを添えることで、もちっとしたクレープの中にサクサク感を出しました。五月のうちの数週間しか堪能できない香り、そこに橘のはかなさも感じられます」

※五月は旧暦。橘の花の開花時期は地域によって異なります。

写真4-4（写真②）花橘　花が開いた状態をイメージ

●プロフィール
西原理人
『京都嵐山吉兆』で10年、軽井沢や海外で10年の修行ののちに、自ら選んだ古都奈良の地で店を構えて2020年で丸5年になる。社寺関係者からの信頼も篤い。なら橘プロジェクトとは、お世話になっている三輪山勝製麺の山下勝山社長がお店へ大和橘の実のサンプルを送り、西原氏がその後に使用するようになって以来のお付き合いである。

「白(つくも) Tsukumo」
JR奈良駅東口から徒歩で約5分。少し奥まった住宅街にある隠れ家的な日本料理店。奈良の食材に小粋なストーリーをしのばせた、五感で楽しむ創作料理が評判を呼び、奈良で店を構えて丸三年にしてすでに予約でいっぱいの人気店となる。

☎0742-22-9707
奈良県奈良市三条町606-2 南側1F
ランチ：12:00 ～ 13:00 L.O
ディナー：17:30 ～ 20:00 L.O
定休日：月曜日、月末最終日
火曜日の昼、毎月1日の昼

「リストランテ　ボルゴ・コニシ」

お話を伺った人　シェフ　山嵜　正樹氏
シニアソムリエ　山嵜　愛子氏
取材・文／加藤なほ

山嵜シェフ：私と大和橘との出会いは今から約4年前（2020年8月現在）のことになります。奈良県産業振興総合センターの清水浩美先生から大和橘をご紹介頂き、使用することになりました。

大和橘の第一印象は、香りが素晴らしいということ。他にはない高貴な香りがしました。苦味をどうするかは課題になりましたが、決して嫌な苦みじゃなく、野生の苦味なので、それは旨味にかわると直感で思いました。イタリア料理では、ブロードや、アンチョビ、鶏肉の凝縮した旨味は、苦味を足していくと相性がいいので、それをヒントに料理を創作していきました。

たった二週間で前菜からデザートに至るまでのコースができるほど、イメージがどんどん湧いてきました。こんないい食材はないと思いました。いろんな食材の中でも最速でひらめいたほどです。今では一年を通して、昼のコース、夜のコースなどでも1品ほどは大和橘を使っていますよ（要予約）。

大和橘は世界レベル。唯一無二の食材です。日本固有種であることも証明されていますし、世界で十分通用する食材だと思っています。
愛子氏：県外からお越しになる方もおられ、奈良という土地柄もあると思いますが、最近は大和橘をお出ししたときに「あ、これが万葉集や源氏物語に出てくる橘か」「まさか、橘を出しているお店があることを知らなかった」と驚かれます。実物を見たことがなく、大きさも知らない、どこで入手できるかもわからない食材なので、皆さんに喜んで頂いています。山の辺の道に大和橘が植樹されていますが、そこにある看板を見たあとで「あ、これさっき見た果物だ！　そういえば橘が植えられていた！」と若い女性が驚いてお話されたこともあります。歴史や日本文化に興味がある人は大和橘にも興味があるようです。

大和橘の葉のストリケッティ

大和橘の葉っぱの乾燥パウダーを練り込んでいます。

写真4-5　大和橘の葉のストリケッティ

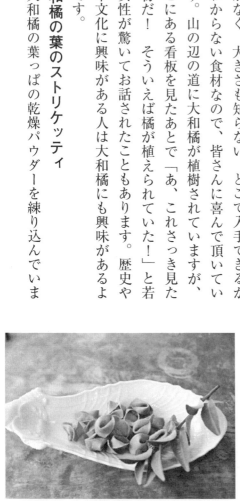

大和橘の葉によってくるアゲハ蝶が、羽を休めた形をイメージしました（写真4-5）。

冷静パスタ

パスタには大和橘の葉のほのかな苦味を練り込み、表面を焦がし苦味をもたせた帆立の上には、大和橘の果皮の摺りおろしをアクセントに。違う三種類の苦味はあわせることで丸くなり、旨味と余韻にかわっていきます。大和橘はその余韻が素晴らしいんです。帆立の旨味を引き立てて、食後感もすっきりとクリアに仕上がりました（写真4-6）。

食生活が乱れていたときには、このような苦味で舌をリセットして、これからの準備を整えます。

食べ物の余韻とワインの余韻で別世界へ誘うというのが西洋的な楽しみ方。大和橘はこれを見事に演出してくれます。

写真4-7　大和肉鶏と大和橘のリゾット

写真4-6　冷製パスタ

大和肉鶏と大和橘のリゾット

大和肉鶏とハト麦のリゾットをカップ仕立てで召し上がっていただきます（写真4-7）。

大和橘の酸味と苦味に対して、大和肉鶏の強い旨味という対照的な味覚を味わうもので、チーズ仕立てによる動物性の脂分や、肉鶏の脂による後味の重たさを、大和橘の酸味ですっきりとさせることができ、最後まで香りと苦味でさっぱりと食べ進めていただけます。

シャーベット

大和橘の葉を水出しして少し砂糖を加えたシャーベット。お口直しに（写真4-8）。

ズッコット

トスカーナの聖職者の被る白い帽子をイメージしたデザート（写真4-9）。
断面をかわいくスライスし、種のあるところはは

写真4-8　シャーベット

写真4-9　ズッコット

がして、裏側を使っています。スポンジとリコッタチーズに、ナッツとチョコレートと大和橘の皮の砂糖漬けを入れました。スポンジには大和橘の果汁とブランデーなどの洋酒を含ませて風味を出しています。

大和橘のお酒

大和橘の皮をリキュールにつけ込んだもの（写真4‒10）。

チョコレートと生キャラメル

カカオの苦味と大和橘の苦味が絶妙なチョコレート。ピールを乗せています（写真4‒11）。

生キャラメルはキャラメルと大和橘の苦味が相殺され、旨みに変化した〝旨苦み〟が味わえます。

コーヒーを飲んでも大和橘の余韻がほのかに残ります。これからは日本でもこの〝旨苦み〟をトレンドにしていきたいですね。

写真4-10　大和橘のお酒

写真4-11　チョコレートと生キャラメル

●プロフィール

山嵜正樹

パスタ専門店『ピアット』で11年間修業を重ね、2007年6月にオーナーシェフとして『ベッカン・ピアット』をオープン。着実にファンを増やしていたが、2009年に『リストランテ イ・ルンガ』の堀江純一郎氏に出会い、強い刺激を受けて学ぶ。料理とワイン、サービスなどの新たなステージを目指して、2014年に『リストランテ ボルゴ・コニシ』と屋号を改めた。国際薬膳食育師3 級を取得。

山嵜愛子

25歳のときに退職して渡英。ロンドンに在住し、2年ほどディスプレイデザインを学ぶ。帰国後、結婚を機に奈良に移住。正樹さんの独立に向け、『ビストロ　ル・クレール』（奈良）などで、サービスの経験とワインの知識を身につける。2010年にソムリエの資格を取得。2015年には奈良県で数少ないシニアソムリエの資格を取得。

「リストランテ　ボルゴ・コニシ」

近鉄奈良駅から徒歩１分、小西通り沿いにあるお店。厳選された旬の食材を使った本格イタリアンが楽しめる。シニアソムリエの奥様にワインを選んでいただけるのもお店の魅力。なら橘プロジェクトとは「山嵜シェフならば美味しく調理してくれる」と奈良県の研究者から紹介を受けて以来、大和橘を通じて交流を深めている。

☎0742-26-5581
奈良県奈良市小西町24フラッツ小西2Ｆ
ランチ11:00 ～ 14:00 L.O、ディナー 18:00 ～ 21:00 L.O
定休日：月曜日（月曜が祝日の場合、翌火曜日）

「アコルドゥ」

お話を伺った人　オーナーシェフ　川島　宙氏
取材・文／加藤なほ

「奈良の記憶をテーマに」

店名「アコルドゥ」の意味は、バスク語で「記憶」を意味します。もとは「自分たちの記憶に由来する料理をつくろう」というのがお店のコンセプトでした。「冬の海ってこういう色だよね」「夏の海ってこういう香りがするよね」など、普遍的なテーマを料理にしていくのがスタイルでした。

２０１６年に東大寺旧境内地へお店を移転してからは、「奈良の記憶」を自分たちのベクトルにすることにしたんです。「自分たちの主観的記憶」から「奈良の記憶」をテーマに、奈良の伝説などのストーリーにつなげて創作することで着想に幅が広がったと思います。

「橘の出会い」

橘を使用するようになったのは、なら橘プロジェクトの城健治会長との出会いがきっかけです。城さんは料理研究家の白水智子さんからご紹介いただきました。はじめに苗木を頂き、その後は実や橘こしょうを使うようになりました。

日本の食材には土地のものを使いたいと思っていたので、橘はいろんなテーマで重宝しています。橘を広く世間に知っていただくために「料理マスターズブランド認定コンテスト第6回」（2018年）では橘こしょうを推薦しました（写真p171参照）。

「橘の魅力」

橘には他の柑橘にはない凛とした香りがありますね。場を清めるような清潔感も魅力的だと思います。その香りや味は、食べる人にそのまま伝わるんじゃないかと。歴史や文化に根付いたストーリーがあるのがいいですよね。アコルドゥの料理は単純に「美味しいから」という理由では作らないんです。夜のコースは11皿から12皿ほど提供しますが、橘はストーリーの中で「奈良らしさ」を際立たせるには、とても良い素材ですね。

料理に奥行が生まれるんです。

例えば三輪そうめんに橘の皮をふりかけることもあります。もし、ストーリーをもたせるとしたら、春日大社の神饌「ぶと」や、遣唐使などをテーマにすることで、橘を登場させることはできそうです。数限りなくという語弊がありますが、面白いストーリーに結び付けることはできると思います。ただ、食事を楽しむ、味を楽しむだけではなく、由来や伝説を料理に練りこんでいくことで、奈良を知る、昔のことを知ってもらうきっかけにできればいいですね。

料理は自分の知識をつなげるパーツでもあるんです。途切れ途切れになっている知識をつなげることで楽しんでいただく、そういう意味で歴史のあるものは面白いですね。

川島　宙シェフ

「橘への思い」

他の柑橘とは違った感じがあるので面白いと感じています。先日は初めて実を皮ごと生で食べました。はじめは橘こしょうを使いましたが、その後は果汁をしぼったり、若い皮を削ったりとか、それだけではない魅力を探りました。種も食べましたがクセがなく食べられたりするので、可能性は際限なくあるように思いますね。
橘を使用するときは、「今どんな状態になっているのか」を重視し、季節感を大切にします。花の咲く時期なら花を使い、実のなる時期には実を使うなどなるべくベストな時期に出すようにしています。実は冷凍保存ができますので、花や実がない時期は、実の皮を削って素麺にふりかけたり、ジャムなどの保存食にするなど、工夫を凝らします。

「橘への工夫」

実を炊いたものを蘇に合わせて出すこともあります。スペイン語でチーズのことをケソ（Queso）というのですが、「いにしえのケソと奈良の柑橘」という名前で提供しました。スペイン人はチーズが大好きなんですが、かりんのジャムなどと合わせることがあります。自分が修行したレストランでは、5種類チーズがあったら、これにはハチミツ、これにはデーツ、これにはクルミなど、5種類それぞれに付け合わせを出すんですよ。

アコルドゥの料理は必ず料理が完結されていて、素材が変わるときは料理が変わるときなんです。このストーリーがあり、これにはこういう理由があって、この素材で仕上がっていますと、1皿で料理が完結しているのが特徴と言えます。

一般家庭で橘こしょうを使用する場合は、素材を置き換えて考えてみるといいかもしれません。やきとりについていたら美味しいだろうとか、うなぎ、ポトフなどにも合うと思いますね。大和肉鶏をローストしたときに、付けたときもあります。そういう使い方でしたら、ご家庭でもできると思います。

【メニュー①】

磯城郡川西町の結崎には「轟音とともに天から能面と一束のネギが落ちてきた」という室町時代の伝説があります。その ストーリーを表現しています。能楽の原典と言われる「翁舞」は五穀豊穣を願う舞で、橘のある清浄な場所で踊られてきました。

ネギ（旬の時期は結崎ネブカを使用）とレバー。生きているものと、五穀豊穣の五穀、そして橘の香り。皮を削って香りを演出します。根っこを翁に例えました。翁舞は香りの中で舞うものですので、香りの中で食べて頂きます。このメニューは冬季に提供することがあります。

メニュー①

【メニュー②】

フランス料理の「鴨のオレンジソースかけ」を橘でアレンジしました。付け合わせには生のオレンジを添えることが多く「煮たもの」と「生のフレッシュ感」を対比させながらいただきます。スペイン料理には「別々に味を作っていく」という考え方があり、橘は橘だけをシロップで煮て、鴨はシンプルに煮詰めて肉汁を別に添えました。根っこは、大和まなの根で実りあるものの土台を表現。わしわしと唇にあたる触感は橘の木を彷彿とさせます。土があり、橘の新芽があって、木があって。別々で食べたり、混ぜて食べたりと、いろんな味覚をお楽しみいただきます。

メニュー②

●プロフィール

川島　宙

「ホテル西洋銀座」「エプヴァンタイユ」等でフランス料理を修業。
2004年スペイン・バスク地方の「ムガリッツ」へ。
2008年、奈良・富雄に「アコルドゥ」開業。
2017年東大寺旧境内地へ移転して再始動。

「アコルドゥ」

<DATA>
akordu（アコルドゥ）
住所：奈良県奈良市水門町70-1-3-1
TEL：0742-77-2525

交通：近鉄奈良線「奈良駅」徒歩約9分
営業時間：12:00 ～ 13:00 L.O、18：00 ～ 19：00 L.O
定休日：月曜日 及び 不定休

和菓子と大和橘

御菓子司　本家菊屋二十六代目　菊岡　洋之

菓子の祖「大和橘」

菓子は元々、神様のお供え物であり、現在のように加工したものは無かったので、果物が菓子だった。果と菓は似ているでしょ！　果物の中でも柑橘類が使われたが、日本の柑橘類の原種は大和橘とシークワサーだけである。それゆえに大和橘は菓子の元とされるのである。茶道の上の点前で奥伝というものがある。上中下の段階に応じて、客にはそれぞれ7、5、3種類の菓子が出される。その中の一種は水菓子を盛り付ける約束になっているが、これは果物のことである。こんなところにも古の習わしの名残がある。

何かと始まりの多い奈良であるが、菓子のもと大和橘にまつわる伝承として、垂仁天皇の命をうけた田道間守が、ある村を通りかかったところ、老人が娘にこっぴどく叱られているので、訳を尋ねると、娘は「この子だけが、大和橘を酸っぱいと言って食べないものだから、こんなに年老いてしまった」と言うのだ。これを聞いた田道間守は跳びあがって喜んだ。実は娘と思われたのが母親で、老人に見えたのが息子であったのだ！　これぞ探し求めた不老不死の妙薬ではないか！　大和橘を持ち帰った田道間守は、菓子の神様「菓祖神」と崇められている。

大学の薬学部教授曰くには、不老長寿の妙薬として入って来た大和橘ほど、二千年も治験が済み、薬にするにはもってこいの安全な素材は他には無いそうだ。菓子よりも薬として活用した方が良いかもしれない。

田道間守は持ち帰った大和橘を奈良の飛鳥に植えた。そこには橘寺が建てられた。この土地は聖徳太子が産まれた馬小屋の跡で、橘寺では田道間守と聖徳太子を並べて祀ってある。大和橘は聖徳太子とも関わりがあるようだ。橘寺から北へ平城京に至る中ッ道（現在は県道）があったが、地元の住人は今でも橘街道と呼んでいる。口伝えで代々そう呼ばれてきたのである。橘寺まで続く道であるからか、街道沿いに大和橘が植えられていたのであろうか。聖武天皇の后、光明皇后が全国から税を納めに奈良の都まで来る者が行き倒れにならないよう、街道沿いに食べられる実がなる木を植えるよう命じたという説もある。大和橘も植えられたのであろう。

万葉人は、こうした大和橘の上品な香りが好きで、68首もの歌を詠んでいる。非時香菓と言われ、永遠に香り続ける大和橘をブレスレットや首飾りなどにして身に着けたりした。天皇家とは何か深い関わりのある歴史がそこに隠されているように思わせる代物である。

昔は良く見られたであろう大和橘が現在ではほとんど忘れ去られている。橘って何？　どんな蜜柑？　一般に馴染みのあるものでは、雛祭りの雛壇に向って左側にある木がそれである。これは京都御所紫宸殿にある右近の橘、左近の桜を模したものである。その他では文化勲章のデザインに五弁の花があるのが大和橘の花で、はじめは桜のデザインであったのが、桜は散るということから昭和天皇が大和橘をお考えになったとか。また、五百円硬貨の図柄も橘である。

……こんな話しを講演会で話していた頃、商工会広域連合の取り組みで、地域産品を創ろうという話に招かれた。せっかく奈良が舞台で、こんな素晴らしいストーリーがあるのだから、大和橘を使った商品を開発してはと提案した。ところが実物を見たこともなかったので、何処で手に入るのかも分からなかった。そこで、明日香村の橘寺ならば手に入るかもしれないと思ったのだが、その年は不作でほとんど実が手に入らなかった。困っていたところ、商工会のネットワークを使い奈良県河合町にある廣瀬大社に大和橘が植えられているとの情報を得てお願いにあがった。宮司さんは快諾して下さり、完熟する一月後半頃に摘みにおいでと言って下さった。

年が明け、一月二十日におじゃまし、木にたくさん生っている黄色の実を見て愕然とした。鳥が食べて皮だけになっているではないか！　宮司さん曰く、今年は天候不順で山に食べるものが少なかったのか、例年より早く鳥がつつきに来たと……。それでもなんとか小さいバケツ一杯ほどの実が収穫出来た。これを使い大和橘の菓子を完成させる事が出来たのである。

原材料が少ない点と、完成までの期限が限られることを考慮し、あれもこれも提案せずに、一商品に絞らせていただいた。ある程度の日持ちがすること、販売で扱いやすい等を考え、大和橘の皮と果汁を寒天で固めた錦玉《きんぎょく》（関東では琥珀糖とも言います）という半生の干菓子を作ることになった。柑橘の風味を損なわない様に皮と果汁を入れるタイミング、煮詰め加減に注力した。容器に流し入れ、一晩寝かせて固め、包丁で小さいサイコロ状にカットし、これを乾燥させると、外はパリッと、中はまだ生状態のものになる（写真4-12、4-13）。見た目よりも柔らかく、お口に入れると柑橘系の爽やかな風味が広がり、溶けるようになくなってしまう。

同時進行で、パッケージは奈良佐保短期大学の学生さんに担当してもらった。4点のデザインが上がり、多数決で大和橘の黄色い実と白い花をあしらったデザインに決まった。産官学金連携で地域産品の完成となった。

この取り組みのメンバーに城健治氏がおられ、大和橘を植えてあげようという話になり、「なら橘プロジェクト」がスタートしたのである。

橘街道沿いに苗木を植え、奈良県内数ヶ所に植え、苗木のオーナー会員を募集し、収穫出来た実を使って、会員さん限定で菓子を送らせて頂いた。バリエーションとしては、錦玉、麩焼煎餅、焼菓子、もなか、そして変り種では、球形の最中皮の中に錦玉を入れ、外は橘の皮入り摺り蜜でコーティングし、手に持つと中に入っている錦玉がカタカタと鳴る遊び心のある菓子も創作した。

橘の実を一粒まるごと甘露煮にしてみたが、中の種の苦味が取れず苦心した。何年も漬け込んでから甘露煮にしたら種の苦味を取ることに成功したが、綺麗な黄色がグレーになってしまい見栄えが悪くなってしまった。小さな実にゴロゴロ入っている種も難点である。

ある時、大口オーナー会員さんに果汁を瓶詰めにしてお送りしたら、泡が出ているというお知らせを頂き、県の支援機関に検査して頂いたところ、アルコール度数3％以上のお

写真4-12　当初の橘ほの香

酒になっていた。橘の天然酵母で自然にお酒になって、柑橘系のフルーティーなスパークリングワインが出来てしまったのである。酒税法上問題があるので、将来は免許をお持ちの酒蔵さんにお願いして橘酒も作って頂こうと打診したら、一樽でも1トンの実が必要だという事で、それだけの収穫量をあげるには、まだまだ先の話ということになった。

　麩焼き煎餅には橘の皮入り摺り蜜を塗り、橘の焼印を施し、錦玉と取り合わせてお茶席の干菓子にもお使い頂けた。焼菓子は橘の皮を練り込んだ白餡を皮で包み、オーブンで手焼きし、仕上げに橘の焼印を押してあり、こちらは明日香村の橘寺様にも納めさせて頂いた。

写真4-13　現在の橘ほの香

百貨店からの引き合いも有るが、原材料の実が5百キロしか収穫出来ない状況では、まだまだ商業ベースに乗らない段階である。需要が先行し、供給が追いついていない状況でもある。

現在、近畿日本鉄道奈良駅改札前のショップ「GOTO－CHI」、天理駅前の「コフフンショップ」にて錦玉の「橘ほの香」を販売している。または東京での催事で限定販売するくらいで、本店でも取り扱いしていない限定商品となっている。

写真4-14　橘パッケージ

●プロフィール
菊岡洋之
奈良で一番古い老舗菓子店（創業天正十三年／1585年）二十六代目　菊屋英寿。御城の御用菓子屋として城の大門を出て城下町１軒目角に店舗を構える。菓子の講演にて大和橘の伝承を話していたことから橘プロジェクトに関わることになり、大和橘を使った高級菓子を企画販売。

御菓子司 本家菊屋　本店
近鉄郡山駅から徒歩5分、大和郡山市役所南前。豊臣秀吉公に献上して以来、400年以上の歴史をもつ「御城之口餅(おしろのくちもち)」は、粒餡を餅で包みきな粉をまぶしたお菓子で、子守唄にも歌われるなど奈良の名物となっている。

☎0743-52-0035
奈良県大和郡山市柳1丁目11番地
営業時間：8:00 ～ 19:30
定休日：1月1日のみ

第5章

大和橘を科学する

—香りと機能—

タチバナの香りについて

富　研一

奈良県は面積の約4分の3を森林が占めており、平地が少ない土地である。このことは農業生産高が全国的に見ても低い（東京、大阪に次いで45位）ことに表れている。ここだけを聞くと奈良で農産物を用いた地域資源活用は難しいようにも聞こえるが、奈良は盆地であるため気温の日較差が大きく、カキなどの果樹生産や薬草類の栽培に適した土地であるとも言える。このような地域特性を鑑みると、果樹でありながら薬用にも用いられたタチバナが奈良で栽培されていたことは果たして偶然と言えるだろうか？

タチバナ果皮精油の香り

一般的に、ミカン科の果実（以下、カンキツ類）からは香気成分の混合物である精油が採れる。中でもスイートオレンジ、レモン、グレープフルーツ、ライムの精油は汎用性が高く、世界中で香料として利用されている。これらの精油が食品・香粧品分野において重要な役割を担っていることについては、もはや議論の余地はない。一方、これら主要なカンキツ類に対し、タチバナの香料利用においては汲むべき事情が大きく異なっている。つまり、①浮皮系の果実であるため精油を抽出しにくい、②精油の貯蔵器官である油胞が小さく数も少ない、③他のミカン科植物と比較して果実が小さい……といった問題点のため、タチバナからは満足に精油を抽出した例も報告されていなかった。

筆者らは圧搾法と呼ばれる抽出方法を工夫することにより初めて果皮から精油を得ることに成功したため、以下にその特徴について講述する。

表５-１はカンキツ果皮から採れた精油について、その香気成分組成をGC-MS（ガスクロマトグラフ-質量分析装置）と呼ばれる機械を用いて分析したものである。数値は精油に含まれる全香気成分を１００％としたとき、各香気成分が何％ずつ含まれているかを示している。一般的にカンキツ精油の特徴はlimonene（リモネン）と呼ばれる成分が圧倒的に多いことにある。limoneneはカンキツ精油のフルーティ、シトラスな香りに大きく寄与する成分である。代表的なカンキツであるグレープフルーツ、スイートオレンジの精油では一般的に90％をlimoneneが占める。一方、和カンキツに類する精油ではlimoneneの含有量が少し低いものが多くなるのが特徴的である。例えばユズでは80％程度である。最もlimonene含有量が低いのはキクダイダイと呼ばれるカンキツで50％程度であ

表5-1　タチバナ果皮精油の香気成分組成

香気成分	含有量 (%)	香気成分	含有量 (%)
limonene	66.0	spathulenol	0.3
γ-terpinene	9.6	β-elemene	0.2
β-pinene	5.3	α-terpinene	0.2
linalool	3.6	terpinen-4-ol	0.2
p-cymene	3.5	δ-cadinene	0.2
cis-β-ocimene	2.3	α-terpineol	0.1
α-pinene	1.5	*trans*-β-ocimene	0.1
β-myrcene	1.4	octyl acetate	0.1
linalyl acetate	1.2	geranyl acetate	tr.
β-phellandrene	0.6	nerolidol	tr.
carene	0.5	camphene	tr.
α-thujene	0.5	α-phellandrene	tr.
α-terpinyl acetate	0.5	*trans*-sabinene hydrate	tr.
elixene	0.3	β-caryophyllene	tr.
germacrene B	0.3	nerolidol	tr.
		total	98.5

tr.は0.05%未満の成分を表す

る。キクダイダイのようなカンキツの仲間になると、シトラス香よりも青臭い、少しこもった香りが強く感じられるようになる。この中にあってタチバナ果皮精油のlimonene含有量は一般的な和カンキツの中でもかなり低い部類だと言える。limonene以外の微量成分に特徴があり、γ-terpinene（ガンマーテルピネン）、β-pinene（ベーターピネン）およびlinalool（リナロール）が他のカンキツと比較して多く含まれている。γ-terpineneは重く油っぽい、革のようなインパクトのある香りを持つ成分であり、タチバナの深い香気に寄与している可能性がある。また、β-pineneはハーバルで鼻に抜ける軽さとオイリーな重さを併せ持つ成分である。一方でlinaloolはフローラルで広がりのある香気成分である。筆者らが抽出したタチバナ果皮精油は温州ミカンのような瑞々しさとマンダリンのような奥深い香りを同時に与えるような香りであったが、これらの成分が協奏的に混じり合った結果として調和のとれた香りを与えていると考えられる。

タチバナ花精油の香り

5月になると白く可憐なタチバナの花が咲く。見た目が良いだけでなく、その香りも素晴らしいものである。香りの印象としてはフローラルさが強く感じられるが、みずみずしく、鼻に抜ける爽やかさを持つとともに少しスパイシーさを感じさせる、特徴ある香調を持っている。

同じミカン科では、ビターオレンジ（日本ではダイダイとも呼ばれる）の花を水蒸気蒸留に供することにより得られる香気濃縮物をネロリ精油と呼び、アロマセラピーでよく用いられている。ネロリ精油はフローラルで甘く、上品な香りを持つ。花から精油を採るために採油可能な時期が限られ、また、花を摘んでしまうとそのあと果実を成さなくなるため、ネロリ精油は一般的に最も高価な精油の1つと見なされている。

筆者らはネロリ精油のようにタチバナも花から精油が採れるかもしれないと考え、水蒸気蒸留法により精油の抽出を試みた。

タチバナ花精油の分析結果を表5-2に示す。linalool, piperitone（ピペリトン）およびsabinene（サビネン）と呼ばれる成分が多くを占めていたことが特徴であった。ネロリ精油も一般的にlinaloolが主成分であり、その点においては類似していると言える。一方、ネロリでは果皮と同じくlimoneneが精油に含まれることが多いのに対し、今回のタチバナ花精油からはlimoneneが全く検出されていない。これはタチバナ花精油のユニークな点であると言える。また、2番目に多く含まれていた

表5-2　タチバナ花精油の香気成分組成

香気成分	含有量(%)	香気成分	含有量(%)
linalool	25.2	*trans-p*-2-menthenol	0.4
piperitone	18.3	α-thujene	0.3
sabinene	10.7	jasmone	0.3
γ-terpinene	9.2	farnesol	0.3
β-pinene	8.9	β-caryophyllene	0.3
cis-β-ocimene	8.2	*cis-p*-2-menthenol	0.3
β-myrcene	3.8	benzyl nitrile	0.3
β-phellandrene	2.2	*trans*-β-ocimene	0.2
α-pinene	1.4	terpinen-4-ol	0.2
p-cymene	1.0	geranyl linalool	0.2
α-terpineol	0.9	humulene	0.1
α-phellandrene	0.7	geraniol	0.1
heptadecane	0.7	bicyclogermacrene	0.1
trans-piperitol	0.6	total	94.8

piperitoneは、ミントの精油においてたまに見受けられる程度で、汎用される精油に多く含まれることはあまりない成分である。これは甘いミント香を持つが、パリッと乾いた香調を併せ持つ成分であり、他の花とは違った香りを演出するのに一役買っていると考えられる。特徴的に見られたのはjasmone（ジャスモン）と呼ばれる香気成分である。これは甘く白い花を想起させる上品な香りを持つ成分である。含有量としては多くないが、タチバナ花精油の特徴を作り出す上で重要な役割を担っている可能性がある。

以上のことから、同じミカン科に属するビターオレンジから採れるネロリ精油と比較しても、タチバナ花精油はユニークな組成を持った精油であると言える。精油の収率がそれほど高くないため安定供給上の課題はあるが、比較的珍しい成分を多く含んでいることからも、タチバナ花精油はこれまでになかった香料資源として利用できる可能性がある。

タチバナ葉精油の香り

ミカン科植物はその葉も良い香りを持つものが多い。アロマセラピーの世界では、ビターオレンジの葉から水蒸気蒸留法によって得られるプチグレン精油が有名である。この精油は深いグリーン香とともにビターな印象を与える香りが特徴で、少しシトラス香の混じった大人向けの香りである。さて、タチバナにおいては、その葉を手でちぎると、みずみずしいグリーン香とともに、少しフルーティ、シトラスで落ち着いた香りが感じられる。同じミカン科に属する植物の葉ではあるが、プチグレンと比較して香りのテイストがこれだけ異なっていることは非常に興味深い。プチグレン精油がビターオレンジの葉を水蒸気蒸留に供することによって得られることに倣い、筆者らの研究グループはタチバナ葉の水蒸気蒸留を行い、得られた精油の分析を行った。

タチバナ葉の精油はさわやかなグリーン香とともに少しハーバル、フルーティかつシトラス調の香りを持つ。成分組成を表5-3に示した。特徴的なのはlinalool, piperitoneおよびsabinene（サビネン）が多いことで、実はここまでタチバナ花精油とほとんど違いがない。微量成分に目を向けても、軒並みタチバナ花精油と似ている。違いがある部分としては、linalyl acetate（酢酸リナリル）、4-terpinyl acetate（酢酸4-テルピニル）、α-terpinyl acetate（酢酸α-テルピニル）、neryl acetate（酢酸ネリル）といった酢酸エステル類が葉に特異的に見受けられることである。これらはフルーティ、フローラルな香りがするため、葉由来の精油でありながらフルーティな香

表5-3　タチバナ葉精油の香気成分組成

香気成分	含有量(%)	香気成分	含有量(%)
linalool	26.4	β-elemene	0.4
piperitone	20.5	carene	0.3
γ-terpinene	13.3	*trans*-β-ocimene	0.2
sabinene	13.0	terpinen-4-ol	0.2
β-pinene	8.0	*cis-p*-2-menthenol	0.2
cis-β-ocimene	5.9	*trans-p-2*-menthenol	0.2
β-phellandrene	2.3	trans-sabinene hydrate	0.1
α-pinene	1.6	*cis*-piperitol	0.1
β-myrcene	1.6	β-caryophyllene	0.1
α-phellandrene	0.9	nerol	0.1
p-cymene	0.8	neryl acetate	0.1
linalyl acetate	0.7	camphene	0.1
α-terpineol	0.6	α-farnesene	tr.
α-thujene	0.5	humulene	tr.
α- terpinyl acetate	0.4	nerolidol	tr.
		total	98.8

tr.は0.05%未満の成分を表す

りを呈する原因物質である可能性が考えられる。

ちなみにプチグレン精油の主成分は一般的にlinaloolとlinalyl acetateである。やはりlinaloolが主成分であるという点では類似しているが、linalyl acetateの量が大きく異なることは非常に興味深い点である。香調がプチグレンと異なっていることからも、タチバナ葉精油も特徴ある香料原料として利用可能と考えられる。花は抽出できる時期を選ぶが、葉は年中利用可能であるというメリットも大きい。ただ、筆者の経験によると、新芽の時期の葉と冬前の成熟葉ではかなり香りが異なることから、抽出する時期は少し検討する必要があると考えている。

タチバナ葉精油の機能性について

精油が他のカンキツ葉精油とは異なった香調を持ち、かつ果実や花ほど抽出量が少なくないことから、タチバナ葉の精油は比較的容易に香料資源として利用できる可能性がある。これまで筆者らの研究グループでは、株式会社ＡＮＢＡＳとの共同研究により、タチバナ葉精油の付加価値を検討する目的で生理効果を評価した。つまり、ウレタン麻酔したラットに対し水もしくはタチバナ葉精油の１％懸濁液を10分間嗅がせ、その後60分間に渡りラットの皮膚動脈交感神経活動を電気的に計測するものである。水の呈示ではラットの交感神経活動に変化がなかったのに対し、タチバナ葉精油の１％懸濁液を嗅がせた場合には有意に交感神経活動の減衰が見られた。このことはタチバナ葉精油を吸入することにより、皮膚動脈の血流量の増加、さらには皮膚の水分保持力向上に資する可能性を示している。

結　辞

本稿ではタチバナの香料資源としての可能性を検討するために、果実・花・葉からそれぞれ精油を抽出してその香気成分組成を調査した。果実の精油は既存の各種カンキツ精油と異なる香気成分組成を持つことが示され、同様に花や葉の精油においても異なる香調、香気成分組成を持つことが明らかとなった。花と葉の精油は互いに似た香気成分組成を持つにもかかわらず香調が異なることから、今回の分析では明らかにできなかった微量香気成分の寄与も考えられる。また、葉の精油の香りを嗅ぐと皮膚の水分保持力向上に寄与する可能性が示唆された。総じて、タチバナは香調、機能性ともに香料資源として大きな可能性を持つと言えよう。このことは古代より日本人がタチバナの香りに着目してきたことと関連しているように思えてならない。

大和橘とのかかわり

清水　浩美

奈良県産業振興総合センターは、県内企業の活性化と発展を支援する県立の機関であり、創業・経営支援部と生活・産業技術研究部から構成されている。

生活・産業技術研究部には食品業界の技術支援を担当するバイオ・食品グループが設置されており、依頼試験、機器利用、共同研究、技術指導や研究開発を行っている。我々の現在の研究テーマは機能性というキーワードを中心に動いており、その中でも薬用植物の薬用部位以外の部分を食品に展開する研究が2テーマある。

奈良県では、漢方のメッカ推進プロジェクトを平成24年に立ち上げ、生薬原料の栽培から商品化を目指し、奈良県産業の活性化を目指し、部局横断的に取り組んでいる。

歴史ゆかりのものを行政が取り上げるのはこれに限ったことではないが、漢方と奈良県のつながりは古くから深い。日本書紀には、西暦６１１年に推古天皇が現在の宇陀地方で薬狩りをされたという記述がある。また、東大寺正倉院の御物の中には21の漆櫃に納められた60種の薬があり、製薬会社の創業者が奈良県出身者であるなどのゆかりがあり、地場産業の配置売薬にもつながっている。

プロジェクトの主要植物はヤマトトウキで、当センターではヤマトトウキの葉を食に展開するための機能性成分分析やレシピ開発を行ってきた。もう一つの漢方関連の素材がヤマトタチバナである。

ヤマトタチバナの話を聞いたのはいつだったろうか？公益財団法人奈良県地域産業振興センターの課長が城さんと菊岡さんを伴って来られ、ヤマトタチバナの苦味を取る方策はないかと聞かれたのがはじめだったような、薬事研究センターが明日香村のタチバナの実の研究していることを聞いたのがはじめだったか覚えていないが、カンキツの栽培に関しては、県内でも温州ミカンの生産地があるので、大和での栽培が成功することは想像できた。

当時も新しい食品素材を探していた時期ではあったが、ヤマトタチバナを見た時にこんな小さなキンカンみたいなカンキツは、よほど甘くおいしいか、何らかの特徴、それもみんなが飛びつくようなアドバンテージがないと、加工も大変そうだし、作っても売れないよな～と思ったのを覚えている。

その後、施策方針として橘の研究を本格的にすることになり、まずは原料がないと何もできないことから、さっそく手に入れようとネットで苗木5本を注文したが、送られてきたのは四季橘《しききつ》というキンカンのような、まん丸い果実が四季を問わず結実するもので、のちのち、城さんに「違う！」と注意され、本物の大和橘の苗木をいただき現在は四季橘と混在し、センターの門扉脇で元気に育ちつつある。4年目で定植して初めて結実し、冬の収穫を楽しみにしているところである。

ヤマトタチバナに関わって精油を取る蒸留装置や種の搾油の器具も購入し、岡本研究員を中心に付加価値を見出す研究を実施してきた。研究データが出るたびにその可能性に期待を高め、当初感じていた課題はあるものの、ヤマトタチバナをなんとか奈良県の特産物にしたいと考えている。岡本研究員が異動した後は久保研究員が研究を引き継ぎ、機能性成分分析を中心に研究を進めている。彼らの地道な努力で今後ヤマトタチバナの付加価値があがっていることを実感していただければ幸いである。

4年間で得られた研究成果の一部を以下に記載する。成分名など専門用語を使用していることはご了承いただきたい。

近年、健康志向を背景に食品のもつ生体調整機能（機能性）への関心が高まっている。カンキツ類は身近な機能性食品として知られ、発がん抑制作用や生活習慣病との関連など様々な研究が進められている。

橘は別名ヤマトタチバナとも呼ばれ、日本に多くあるカンキツ類の中でも、沖縄のシークワーサーと橘だけが日本原産種であることが遺伝子分析により判明している。

また橘は、垂仁天皇が田道間守に不老不死の薬を持ってくるようにと命じた伝説の果物で、日本書紀などに登場する奈良県に縁のある植物である。

しかし、経済栽培がないこと、生産性がきわめて低いことなどから、機能性成分の研究はあまりなされていない。

そこで、橘を利用した機能性食品の開発を目標に、機能性成分の分析を行った。


【栄養成分】


栄養成分の分析結果を表5－4に示す。平成26年成熟果の外皮と実部分を比べると、無機成分の多くは外皮に多く、特にカルシウムに大きな差異が認められた。外皮の無機成分はカリウムが最も多く、以下カルシウム、マグネシウム、リンの順であった。

平成27年成熟果と平成27年未熟果を比べると、未熟果の脂質が成熟果に比べ高く、無機成分も未熟果のほうが全体的に多く含まれていた。これは試料100gあたりに含まれる外皮の割合が未熟果のほうが多いためと思われる。

カンキツ類には機能性の成分として多くのフラボノイドが含まれている。ノビレチン、タンゲレチン、ヘスペリジンは抗アレルギー、血糖上昇抑制効果などの機能があ

表5-4　栄養成分

各100 g あたり

		H27 成熟果 全体	H27 未熟果 全体	H26 成熟果 全体	H26 成熟果 外皮	H26 成熟果 実部分	ウンシュウミカン
エネルギー	(kcal)	63	69	69	77	56	46
水分	(g)	82.9	81.6	80.5	78.1	84.1	86.9
たんぱく質	(g)	1.4	1.7	1.6	1.9	2.0	0.7
脂質	(g)	0.9	1.4	0.6	0.5	0.4	0.1
炭水化物	(g)	14.1	14.4	16.4	18.4	12.8	12.0
灰分	(g)	0.7	0.9	0.9	1.1	0.7	0.3
無機成分（ミネラル） ナトリウム	(mg)	10	10	6	12	11	1
カリウム	(mg)	100	130	180	200	150	150
カルシウム	(mg)	60	110	110	160	56	21
マグネシウム	(mg)	14	27	28	34	21	11
リン	(mg)	19	26	29	21	28	15
鉄	(mg)	0.4	0.6	0.5	0.7	0.4	0.2
亜鉛	(mg)	0.1	0.2	0.2	0.2	0.2	0.1
銅	(mg)	0.03	0.07	0.08	0.06	0.07	0.03
マンガン	(mg)	0.09	0.18	0.17	0.13	0.13	0.07
ケイ素	(mg)	1.0	1.4	0.5	1.0	0.4	—

注：ウンシュウミカンのデータは
日本食品標準成分表2015年版（七訂）から抜粋

※橘の栄養価について、ウンシュウミカンとの比較

るとの報告もあり、それらの含有量について調査した。

【ノビレチン(NOB)及びタンゲレチン(TNG)】

橘及びウンシュウミカン成熟果の部位別のNOB及びTNG含有量を表5−5に示す。
橘の平成26年成熟果(全体)の含有量は、ウンシュウミカン(全体)と比べると、NOB、TNGともに20倍以上多かった。また、NOB及びTNGは果皮部に多く含まれており、果肉部や種子にはほとんど含まれていなかった。
次に、橘果実及び葉の季節別のNOB及びTNG含有量を図5−1に示す。未熟果(9月)はそれぞれ394.8、349.3(mg／100g-乾燥重量)で、成熟果(12月)の205.8、121.8(mg／100g-乾燥重量)と比べ高かった。葉は、葉(6月)がそれぞれ455.7、413.0(mg／100g-乾燥重量)と多かった。葉(9月)と葉(12月)の含有量に顕著な差はなかった。
また、成熟果（全体）のNOB及びTNG含有量は、平成26年度試料と平成27年度試料で顕著な差は見られなかった。

【ヘスペリジン(HSP)】

橘及びウンシュウミカン成熟果の部位別のHSP含有量を表5−6に示す。
橘の平成26年成熟果（全体）の含有量は、ウンシュウミカン（全体）の6割程度で

表5-5　ノビレチン及びタンゲレチン含有量

単位　mg/100g-乾燥重量

	橘　（H26成熟果）				ウンシュウミカン		
	全体	果皮部	果肉部	種子	全体	果皮部	果肉部
NOB	202.3	531.3	0.7	Tr	8.4	19.6	Tr
TNG	185.5	467.6	Tr	0.7	4.2	9.8	Tr

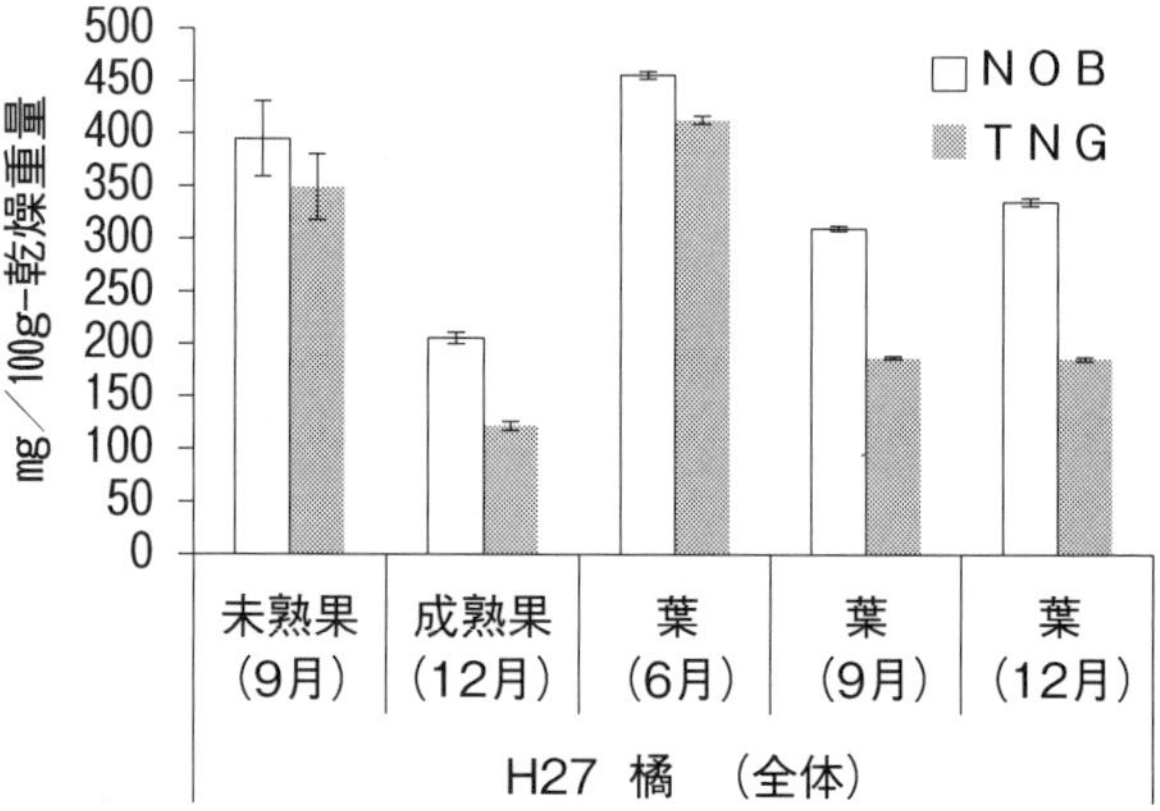

図5-1　季節別ノビレチン及びタンゲレチン含有量

表5-6　ヘスペリジン含有量

単位　mg/100g-乾燥重量

	橘　（H26成熟果）				ウンシュウミカン		
	全体	果皮部	果肉部	種子	全体	果皮部	果肉部
HSP	1813	2373	1218	98	3171	7154	784

※カンキツ類特有のフラボノイド含有量

あった。また、HSPは果皮部に多く含まれているものの、果肉部や種子にも含まれていた。

次に、橘果実及び葉の季節別・部位別のHSP含有量を図5−2に示す。未熟果（9月）は4011（mg／100g−乾燥重量）で、成熟果（12月）の1813（mg／100g−燥重量）と比べ2倍以上多かった。葉は、葉（6月）には2268（mg／100g−燥重量）含まれており、葉（9月）、葉（12月）の266、217（mg／100g−乾燥重量）と比べかなり多かった。

また、橘の成熟果（全体）のHSP含有量は、平成26年度試料と平成27年度試料で顕著な差は見られなかった。

カンキツ類には、黄色や赤色の色素成分であるカロテノイドが含まれている。β−クリプトキサンチンは、初めて機能性表示食品として受理された「三ヶ日みかん」の主成分である。


【カロテノイド類】


橘成熟果の部位別および年度別のカロテノイド類含有量を表5−7に示す。

ビタミンA活性を持つβ−クリプトキサンチンはウンシュウミカンに多く含まれていることが知られており、骨代謝を指標とした骨の健康維持に効果があることが報告

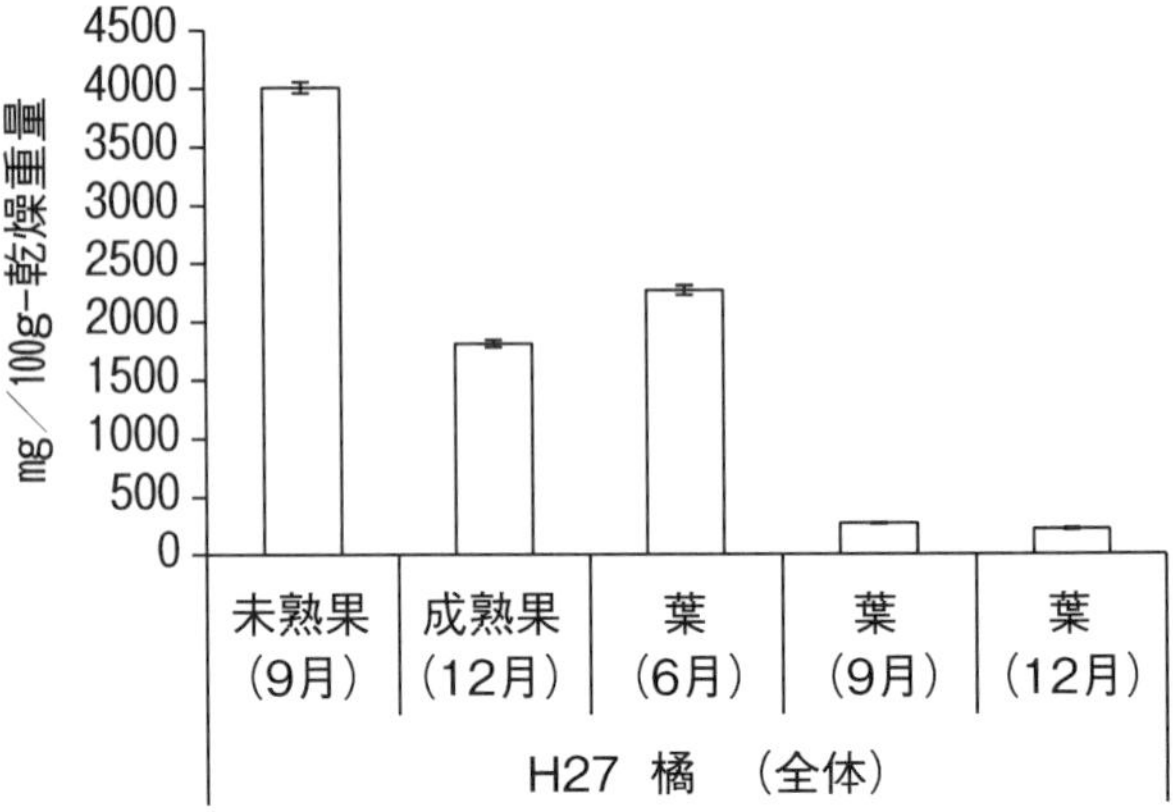

図5-2　季節別・部位別ヘスペリジン含有量

表5-7　部位別・年度別カロテノイド類含有量

単位　mg/100g－新鮮重量

	H26 橘				H27 橘		H28 橘	ウンシュウミカン
	全体	果皮部	果肉部	種子	全体	葉（6月）	全体	全体
β-クリプトキサンチン	0.4	0.4	0.1	0.1	0.4	Tr	0.4	1.6
α-カロテン	－	－	－	－	－	1.3	－	－
β-カロテン	Tr	Tr	Tr	Tr	Tr	1.7	Tr	Tr

注）－：検出せず　Tr：0.1mg/100g以下

※橘の機能性成分含有量

されている。橘成熟果（全体）のβ-クリプトキサンチン含有量は、ウンシュウミカンの成熟果（全体）の4割程度であった。

また、橘のβ-クリプトキサンチンは果皮部に多く含まれていた。α-カロテンは葉部以外では検出されず、β-カロテンも葉部以外では、0.1mg／100g新鮮重量以下であった。

生体内の活性酸素による酸化を抑える作用のことを抗酸化作用と言い、その能力を評価する手段が抗酸化能である。


【抗酸化能（DPPHラジカル消去能）】


橘果実及び葉の季節別の抗酸化能を比較した結果を図5-3に示す。DPPHラジカル消去能は、季節別では果実及び葉ともに顕著な差異は見られなかった。

また、ウンシュウミカンと比べると、橘の成熟果（12月）（全体）のDPPHラジカル消去能は33.8（μmol of TE／g-乾燥重量）で、ウンシュウミカンの成熟果（全体）の17.3（μmol of TE／g-乾燥重量）と比べ2倍ほど高かった。

しかし、前年にそれぞれ別の場所で採取した橘の成熟果（全体）について、同様に

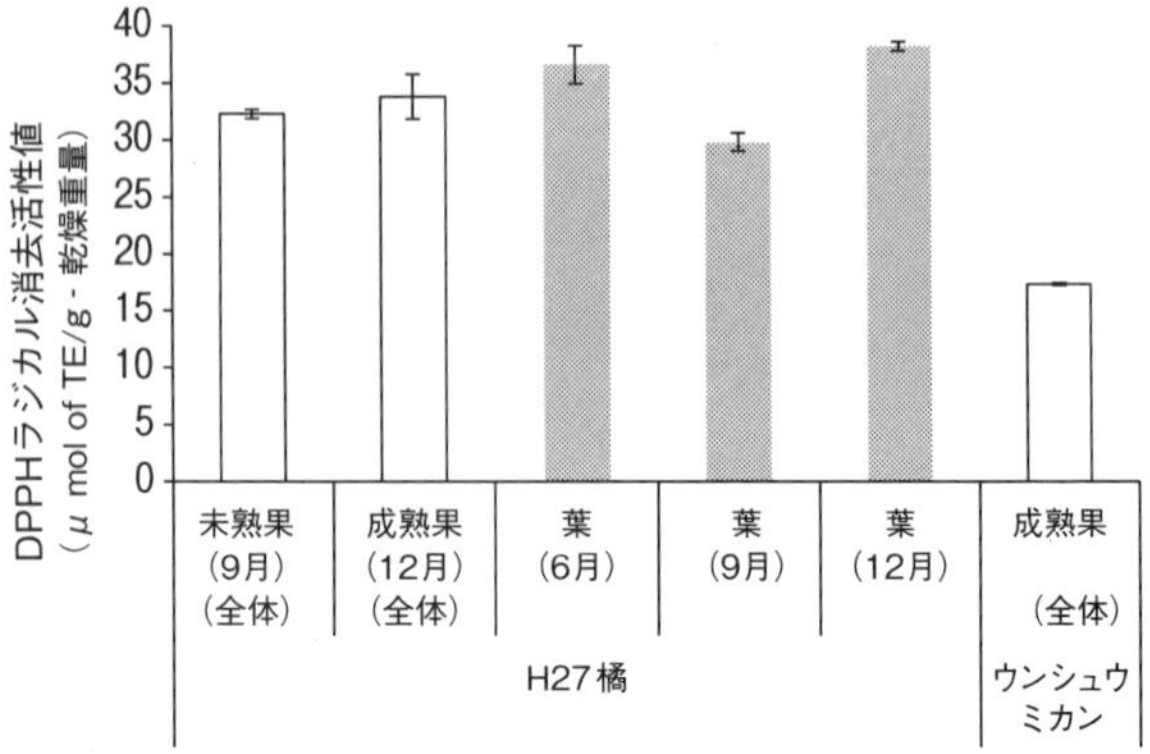

図5-3　抗酸化能　DPPHラジカル消去能

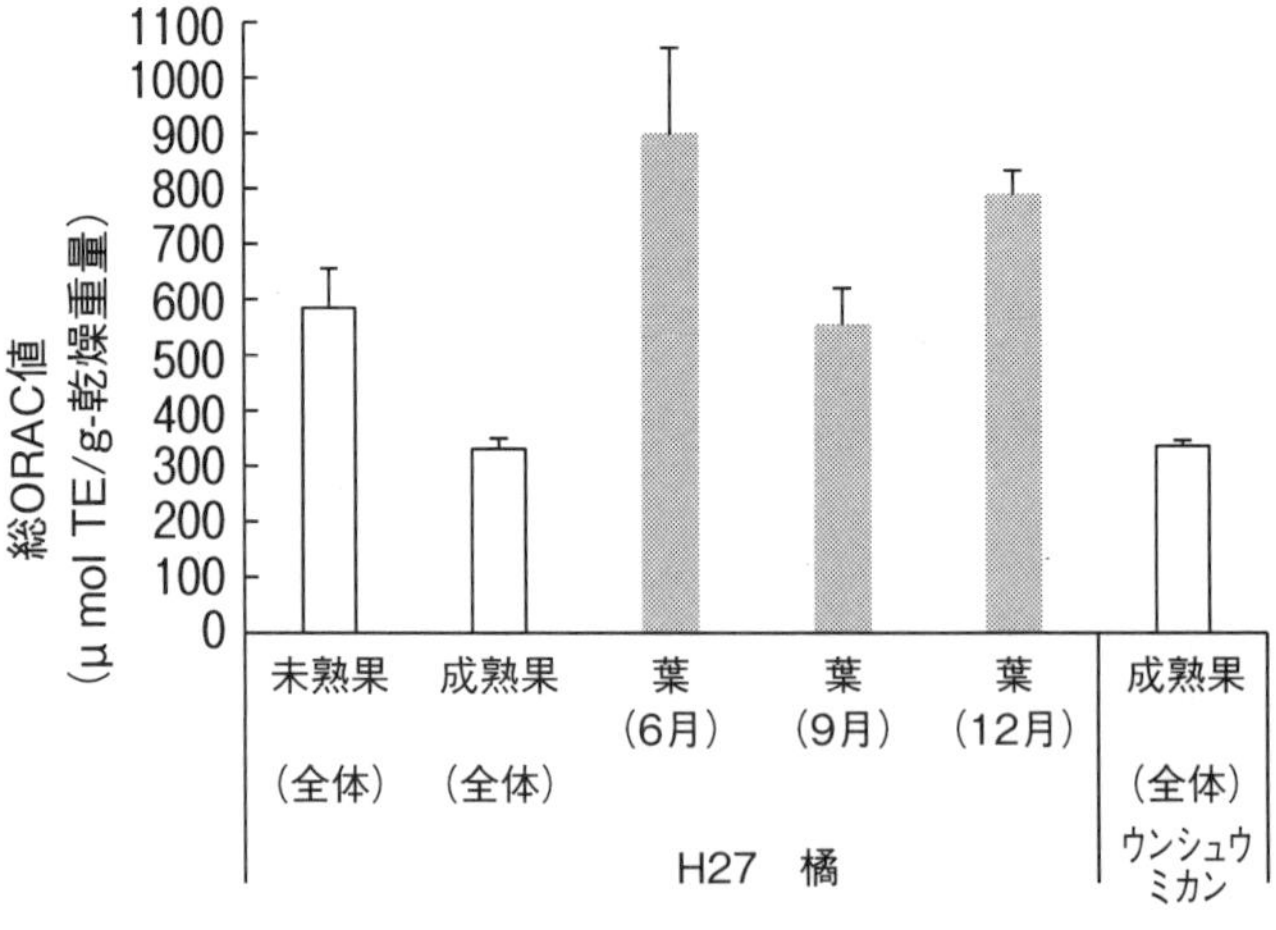

図5-4　抗酸化能　総ORAC値
※抗酸化作用を示す能力

DPPHラジカル消去能を測定したところ10.5、17.4（μmol of TE／g-乾燥重量）であったことから、同一品種であっても年度や栽培場所による差が大きいものと考えられる。

【抗酸化能ORAC】


平成27年度の橘果実および葉の季節別の抗酸化能について、各ORAC値を図5–4に示す。成熟果に比べ未熟果の抗酸化能が高く、葉については6月採取が高かった。

また、各試料ともL-ORAC及びH-ORACの合計値である総ORAC値に対して、H-ORAC値が9割近くを占めており、水溶性の画分に抗酸化成分の主体が含まれていることが示唆された。

しかし、L-ORAC値は多くの果実で5％以下であるという報告もあり、それと比較すると親油性の画分にも抗酸化成分が多く見られた。これは、果実試料として果実全体を用い、果皮部が含まれていたためと思われる。

そこで、平成28年度の橘成熟果の部位別の各ORAC値について評価した。その結果を表5–8に示す。部位別では、L-ORAC及びH-ORAC値とも果皮部で高かった。

表5-8　平成28年度成熟果のORAC値
単位　μ mol TE/g-乾燥重量

	H28　橘			
	全体	果皮部	果肉部	種子
L-ORAC	12.0	18.7	1.7	11.7
H-ORAC	193.5	223.7	90.8	31.0

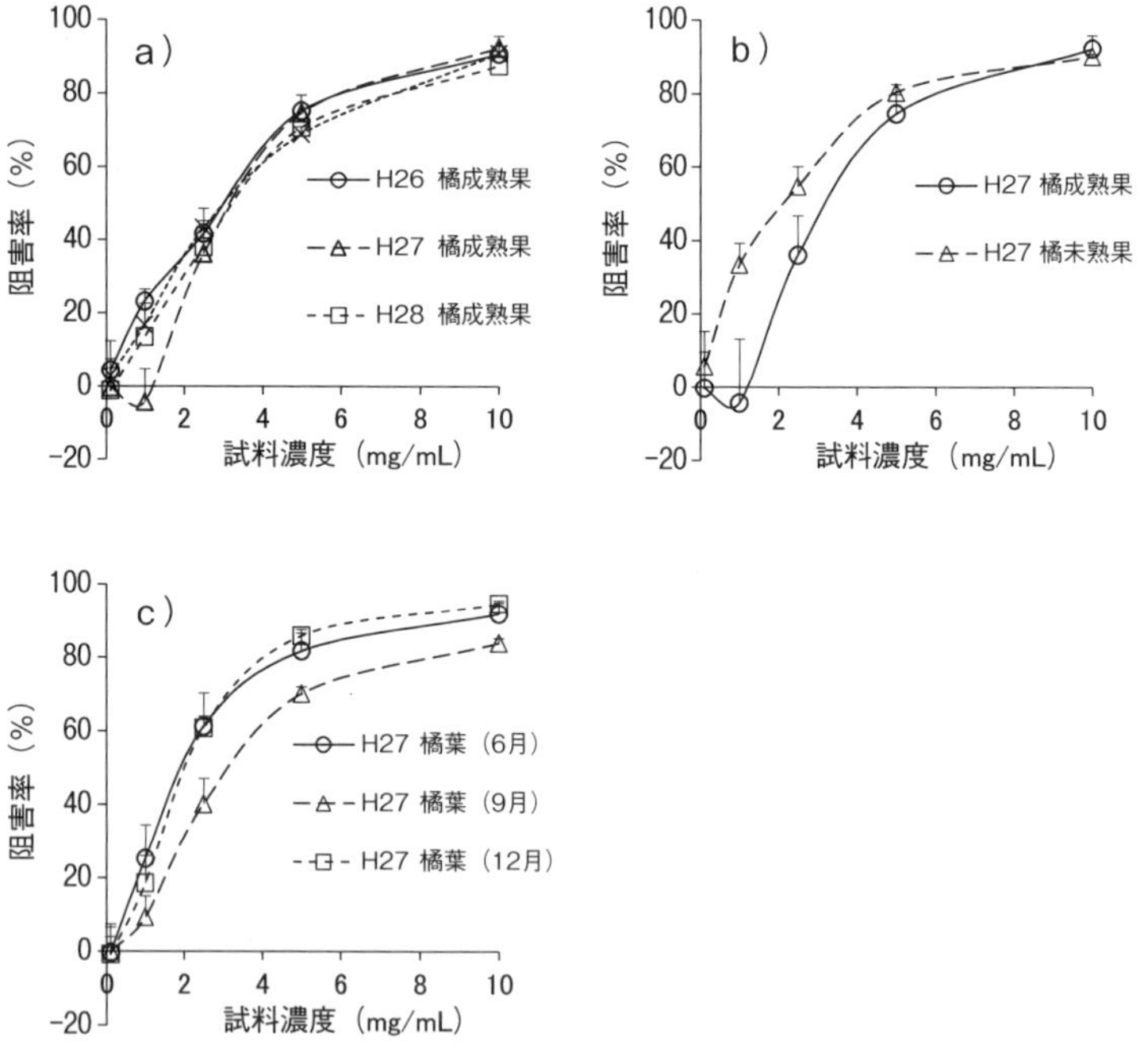

図5-5　α-グルコシダーゼ阻害率

【α-グルコシダーゼ阻害活性】

α-グルコシダーゼは、デンプンが分解されて生じるマルトースなどの二糖類を分解しグルコースを遊離する酵素である。生じたグルコースは血液に吸収され、血液中の血糖値が上昇する。そのため、α-グルコシダーゼの活性を阻害することができれば、生じるグルコース量が減り、食後の血糖値上昇を抑制することができる。

平成26～28年度の橘果実および葉のα-グルコシダーゼ阻害率を図5-5に、活性を50％阻害するために必要な試料濃度IC_{50}値（㎎／㎖）を表5-9に示す。

いずれの試料においても濃度依存的に阻害率が上昇し、IC_{50}値は1.9～3.2㎎／㎖であった。IC_{50}値は低いほど効果が高いといえる。

また、橘成熟果の年度別で比較すると阻害率に大きな差は見られず、ウンシュウミカンと同程度であった。

季節別では、未熟果が成熟果に比べ、阻害率が高く、葉は

表5-9　IC50値

単位　mg／mL

	H26 橘	H27 橘					H28 橘	ウンシュウミカン
	成熟果（全体）	未熟果（全体）	成熟果（全体）	葉（6月）	葉（9月）	葉（12月）	成熟果（全体）	成熟果（全体）
IC_{50}値	3.0	2.0	3.2	1.9	3.1	2.0	3.2	3.0

※図5-5、表5-9は血糖値を下げる効果→糖尿病予防効果の評価

6月および12月の阻害率が高かった。

【ACE阻害活性】

ACEは、アンジオテンシンⅠをⅡへ変換する酵素である。アンジオテンシンⅡは、末梢毛細血管を収縮させることで、直接的に血圧を上昇させるだけでなく、副腎でアルドステロンの分泌を高め、ナトリウムや水の貯留量増大を引き起こすなど、間接的な血圧上昇にも関与する。そのため、ACE活性を阻害することができれば、アンジオテンシンⅡの増加を防ぎ血圧の上昇を抑制することができる。
橘果実および橘葉の水抽出物のACE阻害率を図5-6に示す。橘果実は平成26～28年成熟果（全体）、橘葉は平成27年橘葉（6～12月）の平均値である。試料濃度1.25mg／mL以上の橘葉において高いACE阻害活性が見られた。そこで、PVPPを用いて、試料濃度1.25mg／mLにおける橘葉（6月）のポリフェノール吸着前後のACE阻害率を測定

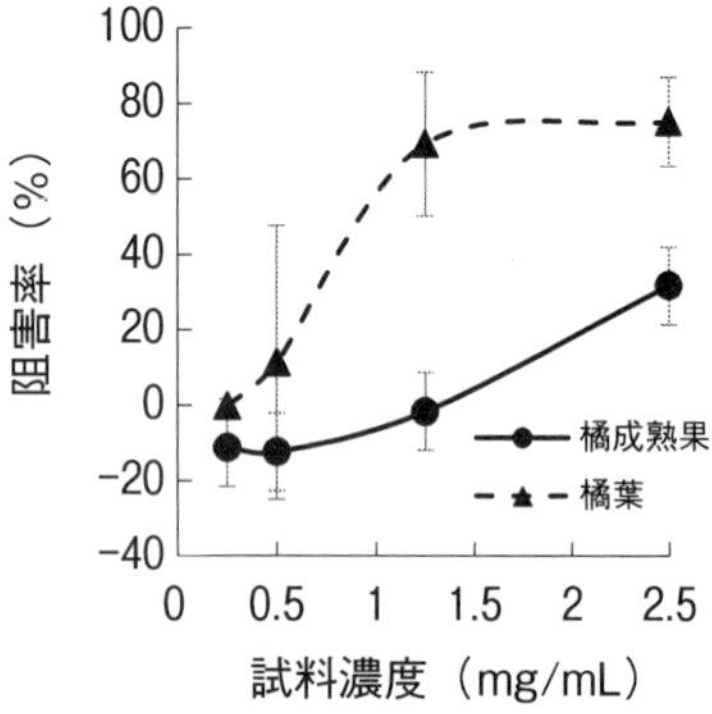

図5-6　ACE阻害率

※血圧を下げる効果→高血圧予防効果の評価
阻害率が高い方が効果がある。

した。吸着後の阻害率が上昇したことから、阻害成分はポリフェノール類以外である事が示唆された。

また、橘果実及び橘葉のエタノール抽出物については、ACE阻害活性が見られなかったため、阻害成分は親水性の成分であると思われる。

以上のとおり「食してよし、香りよし、体によし」の三方よしの果実であるが、加工方法等は工夫が必要である。小さな果実には立派な種がほぼすべての〝さのう〟に1つ入っており、その種が苦いなど、今までの研究の中で、課題も明確になってきている。

樹木が大きくなった時にあの小さな果実をどう収穫していくのか？ハサミでないと収穫できないのであれば危険も伴う。

また、県内には一次加工所がないため、限られた時期に収穫した莫大な量の果実をどのように保管し、処理していくのか。まだまだ道半ばである。組織の強化が待たれる。

いろいろなプロジェクトに関わってきたが、金の切れ目が縁の切れ目となる場合が多いが、城さんという情熱をもったリーダーのおかげでここまでつなぐことができているることは頭が下がる思いである。

いずれにせよ、記紀万葉の時代に縁があり奈良にたどり着いた果実に関わることができ、この先、県内に植樹された樹木にたわわに実った果実を使った特産品ができることが今の夢である。

成果を求められる公設試の研究員として、新しい素材の発掘に携われる幸せをヤマトタチバナによって得られたことは、研究員冥利に尽きるものだと感じている。

今後もヤマトタチバナの可能性を最大限に引き出せるよう研究を見守るとともに一ファンとして将来性に大きく期待していきたい。

第6章

今後の展望と課題

城　健治
久保田　有

奈良の農村地域の問題点は、少子高齢化が急速に進んでいる、地域の集落崩壊が始まっている、集落に子供が一人もいない、空き家が増えている　などが挙げられるが、これは想定できた結果でもある。しかし、今一つ有効な対策が打たれていないように思われる。そんな折、偶然とはいえ大和橘の情報を得て、地域資源を使ったプロジェクトを立ち上げることができたことは、奈良から世界に発信できる大きなエネルギー源を頂いた気がしてならない。

大和橘は、1．日本の固有種である。2．柑橘の原種で準絶滅危惧種（環境省レッドリスト2017）になっている。3．古事記、日本書記に記述がある。4．非時香果　として菓子の先祖とされる。5．万葉集、古今集、古今和歌集には、その花と香りが多くの歌に詠まれている。6．大和橘には香りに特長がある。レモン、ゆずなどとは違った別の香りで、日本らしく奥ゆかしい香りではないかと考える。7．我が国2000年の歴史物語が大和橘に凝縮されている。世界に誇れる物語性は　確立している。など、大和橘は、素晴らしい特長を持つ果物である。大和橘の葉、枝、花、果実、種の全てが利用可能で、何一つ捨てるものはないことも分かってきた。

古代から日本の固有種として存在し、日本の文化と密接な関係を保ってきた大和橘が、今や準絶滅危惧種となっている。この大和橘が『よみがえれ！大和橘～絶滅の危機から再生へ～』のタイトルにあるように、甦るかどうかは、まだまだ、多くの課題があり、その課題を克服できるかどうかに展望が開けるかどうかがかかっている。特に、奈良県は、大和橘と関わる歴史・文化において、他県を凌駕していることから、奈良県の地域資源として活用できれば、この上ないことである。このことは、大和橘の話を聞いた人達が異口同音に発する言葉であるが、実際に奈良県の地域資源にするには、多くのクリアーすべき課題がある。特に奈良県は、農業生産において、全国最下位を低迷していることからも、大和橘の再生事業が農業の活性化につなげられるかどうか、一つのモデルケースとして期待されている。本書で執筆者が紹介してきた活動や想いを元に、以下、主な項目について現状、展望、課題を簡単にまとめてみた。

植樹について

大和橘は、本州の和歌山県、三重県、山口県、四国地方、九州地方に自生することが知られているが、奈良県の自生地は知られていない。しかしながら、廣瀬大社の言い伝えにあるように、２０００年以上前から大和橘が自生していた可能性もある。なら橘プロジェクト推進協議会は、準絶滅危惧種の大和橘の再生を目指して植樹を継続し、現在、奈良市尼ヶ辻に１００本、天理市山の辺の道に１５０本、大和郡山市橘街道沿いなどに２００本と合計約５００本を植樹している。

また、奈良市追分梅園には、５００本ほどが植樹されている。果実の収穫は、２０１８年度には約1トンほどになり、毎年収穫量は増えつつある。今後、商品化が順調に進めば、年間少なくとも数トンの需要が出てくるものと思われる。とりあえずは、現在植樹されている大和橘の実の収穫量が多くなれば、対応可能である。しかし、さらなる需要が出て来たときには、大和橘栽培への農家の参入が必要不可欠である。そのためには、商品化が順調に進み、大和橘の栽培が経営的に成り立つようになる必要がある。

大和橘の栽培における課題は、実が小さいために収穫に人手がいることである。また、加工するにも皮をむいたり、種をとったりする人件費がかなりかかる。これら人件費をまかなうだけの製品価格が可能かどうか。また、需要の拡大が望めるかどうかが課題である。その面では、大和橘の特長として、果実のみに香りや薬効があるのではなく、その葉も花も、実とは異なる成分をもっていて、香りや薬効がある。花は

5、6月ごろに咲くし、また葉も、6月ごろの若葉が特に良いという結果が報告されている。さらに、葉に関しては、年間を通して収穫が可能である。また、冷凍保存をしておけば、果、葉ともに年間を通して供給も可能である。奈良盆地の山の辺の道沿いは、盆地より温度が高く、みかんの栽培に適しており、おいしいミカンを生産していたということである。柑橘類に属する大和橘の栽培にも、この地が適している可能性は高い。
また、大和橘の育成は、できるだけ農薬などを使用しないのが理想であるため、害虫対策、病気対策が重要である。葉や花も商品化が可能であるので、年間を通した収穫と商品製造を企画し、農繁期、農閑期のない定常的経営を可能とする必要がある。

商品開発への道

菓子：もともと、橘は菓子の元祖であると言われ、垂仁天皇の命で橘を持ち帰ったとされるタヂマモリは菓祖神として祀られている。御菓子司本家菊屋の菊岡氏の大和橘を使ったお菓子の作成に、その苦みが問題であったとある。
現在、多くの菓子が巷にあふれている時に、橘の菓子が広がるためには、特別の仕掛けが必要かもしれない。大和橘を使った菓子は美味しいということも商品として流通していく条件の一つだろう。
料理：薬膳料理に橘が適していることは、その昔、九州の大宰府において、祝祭の宴における料理に橘の実が添えられていたことで分かった。オオニシ恭子氏の文にあるように、橘づくしのおもてなしは素晴らしい。和食料理でも欧風料理でも（白〈つくも〉、資生堂銀座 ファロ、ボルゴ・コニシ、アコルドゥ他）、橘は称賛され、香りだけでなく橘独特の苦みがとくに欧風料理で重宝されている。大和橘が世界に出ていくためのポイントは「苦み」かもしれない。

2018年5月20日、アコルドゥの川島宙シェフの推薦によって、料理マスターズクラブによる第6回2018年大会において、料理マスターズブランドに本会の「橘こしょう」が認定された。
全国的な大会で認められたことは非常に意義が大きい。

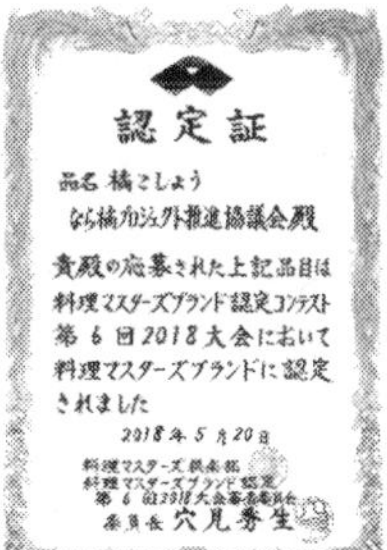
認定証
品名 橘こしょう
なら橘プロジェクト推進協議会殿
貴殿の応募された上記品目は
料理マスターズブランド認定コンテスト
第6回2018大会において
料理マスターズブランドに認定
されました
2018年5月20日

橘こしょう、ジャム、カード（CURD）、ドレッシングなど：どれも格段の美味であり、特にカードは絶品である。問題は値段である。工場を設置して量産体制をしき、価格を下げることが可能かどうかである。それには、販売網を確立しなければならない。

２０１８年春、奈良の女性パテシェが創作した大和橘マーマレードが、イギリスのインターナショナル・マーマーレードアワーズ・柑橘系ジャムコンテストで銀賞を受賞したことも、うれしいニュースである。今後に期待したい。

橘茶：大和茶の煎茶に大和橘の果皮をブレンドしたお茶がなかなか美味しいとの評判である。香りと共に薬効があるお茶として有望株ではないだろうか。奈良の大和高原の地場産業の一つ、茶業に活力を与えるかもしれない。

酒類（ビール、リキュール、ジンなど）：ユニークな香りを楽しめる酒類として、可能性をもっている。最近、奈良の有名な酒造会社が大和橘を使ったジンのプラントを完成させて生産を始めた。

香り（香水、石けん、クリーム、入浴剤、アロマ）：これからの展望としては、通常の飲食物や化粧品だけではなく、その香り、薬効を十分に活かしつつも新規な商品の開発が必要であろう。そのためには、次のような可能性を探ることが重要である。大和橘を使った化粧品の製造販売も始まった。

インテリア（観葉植物、ドライフラワー）：大和橘は、典型的な常緑植物で、さらに良い香りを放つ観葉植物としての可能性が考えられる。花は小ぶりだが、美しい白色が印象的である。ドライフラワーとしてテーブルを飾ることも良いのではないか。

草木染（ストール、風呂敷、小物）：ここ数年の間に宇陀市室生の「ふるさと元気村」の染工房によって、大和橘の葉や果皮を使った草木染の技術が確立されつつある。鮮やかなオレンジ色や黄色に染め上がったシルクなどの布は、展示されても非常に高い評価を受けて好評である。商品化への道が開かれつつある。

観光・インバウンド

観光園「OIWAKE PARK」における、梅の花、菜の花、橘の花、梅狩り、菜種収穫、菜種油絞り、ハーブ観賞、ハーブ茶、橘茶、橘収穫体験、若年性認知症者との交流、バーベキュー、奈良県立矢田自然公園の散策など、年間を通じたイベントが可能であり、追分にあるSPS若年性認知症支援センターとの農福連携事業は、中国、韓国などこれから高齢化社会の到来が予測される国々、経済的に急激に発展しつつある東南アジア諸国などへの研修や連携インバウンド観光への道も考えられる。

天理市柳本町と渋谷町の歴史的風土特別保存地区で県有地を借りた栽培が本格化してきた。大和橘にとって生育条件も良く、今後が期待されている。山の辺の道に面したこの地方は、散策するウォーカーが増加しており、最近は海外からの訪問者も多い。大和橘の栽培と実物の観察や収穫体験など、日本古来の文化伝統に触れることができるインバウンドツアー商品としての価値も高いと考えられる。

大和橘による縁の広がり

奈良で大和橘の栽培を始めて、不思議なことに、次々と様々な人々や団体との縁ができ輪が広がっていった。橘のもつ不思議な力のようにも感じる。そして、その不思議な力が、我々の活動をここまで続けてきた大きな力でもある。行政に支援を願っても、最初の対応は冷たいものであった。夢のような話にかまってはいられなかったのだろう。

しかし、本文で紹介したように、行政も大和橘を使った事業に関心を示し、支援し始めた。最近は、地元の奈良県を始め、大和郡山市、奈良市、天理市などでも支援の流れができてきた。マスコミでも取り上げられ、地元奈良でも認知されつつあることを実感している。農作業をしていて、よく声を掛けられるようになった。「これが大和橋なんですね。頑張ってください。私も大和橋で若返えりたいわ……。」大和橋を知る高齢者だけでなく、若い世代も関心があるようだ。

夢のような話かもしれないが、大和橋の小さな実や凛とした常緑の姿に惹かれるのは万葉人だけではないようだ。この何とも言えない魅力が今後のプロジェクトを支え続ける力になるように思う。そして、何よりもこの大和橋が醸し出す「縁」の広がりを大切にしていきたい。

明日につなぐ

「よみがえれ！大和橘」を実践していくには、今後は若手の参加が不可欠である。日本の農業をだれが担い次世代につなげていくかは、今や深刻な問題である。なら橘プロジェクトにしても同様で、後継者の確保は間近に迫った課題ともいえる。奈良市の農園では、大学生や障がい者による若者の取り組みも始まっているが、どう将来につなげていくのかは未知数である。これらの若い力がさらなる展望を生むかもしれない。

最近、農水省や厚労省なども取り組み始めた「農福連携」の一つの事業として期待されている。しかし、根本的な農業の再生は困難な課題が多すぎる。いかに、農産物の市場価値を高めていくかが課題だろう。そのためにも、大和橘を使った商品が世界のグローバル社会の中で生き抜いていく知恵が試されている。世界で大和橘の価値が評価される日が来ることを期待したい。農業で生活ができる社会の実現にかかっている。

大和橘が奈良の特産品として、歴史的、文学的、食品的、香り文化的見地から定着し、観光において重要な役割を果たす日が来るかもしれない。さらには、単なる奈良県の特産品に止まらず日本の特産品として、世界に発信できるものになることを期待したい。それが「なら橘プロジェクト」の目指すところである。

今後は古代、御神木として崇められた大和橘を現代によみがえらせて活用し、地域社会に根差した発展を期待したい。農業生産法人として組織化を目指し、農業の1次産業（田、畑、山）とセットで「観光資源」としても使い、7次産業を目標に取り組み、若者も職業として参入できる環境を整えていきたいと考えている。

あとがき

プロジェクトの立ち上げから7年目を費やし、大和橘の実験室を抜け出して、やっと商品が世の中の方々に評価を受ける時が来たように思う。立ち上げの時から、大変有難いことに大和橘のオーナー会員の皆様（累計約４００名）には、勇気とご支援をいただくことになり、皆様の応援がなければ7年間継続できなかったに違いない。
菓子、スイーツ、調味料、ビール、ジン、リキュール、有名レストラン、化粧品、香水等の開発には、奈良県産業振興総合センター（農商工連携ファンド、橘の機能成分の研究）、大和郡山市（アイデアサポート、食と農をつなぐプロジェクト）、奈良県、天理市、近畿経済産業局企画部、内閣官房地域活性化広域地域資源活用、近畿大学農学部米谷教授のご協力、ご指導をいただいた。
あわせて、なら橘プロジェクト推進協議会の活動に、公務のお忙しい中、終始公私にわたってご指導、応援して頂いた方々のお名前を記させていただき、感謝の意を表したい。（敬称略、順不同）
上田清（大和郡山市長）、佐伯俊源（西大寺清浄院住職）、樋口俊夫（廣瀬大社宮司）、オオニシ恭子（大和薬膳理事長）、吉武利文（香のデザイン研究所別府大学客員教授’）、朝廣佳子（読売奈良ライフ代表取締役　月刊情報誌ｙｏｍｉっこ編集長）、中野雅史（大和郡山市商工会会長）、砂川正興（砂川医院）、浅井保典（奈良県地域産業振興センター事業化推進課参与）、天方義人（医療法人天方会ＡＭＡ　Ｃｌｉｎｉｃ理事長）、岩野祥子（株式会社モンベル元日本南極地域観測隊　越冬隊員）、山下勝山（株式会社三輪山勝製麺社長）、井村龍麿（医療法人悠明会　老人保健施設ウエルケヤ「悠」理事長　いむらクリニック院長）、坂東嘉子（坂東嘉子労務コンサルタント所長）、本間文子（デザインオフィスリバティ代表）、大石正（Ｇ＆Ｌ共生研究所所長）、その他紙面の都合上、割愛させていただいた多くの方々から、多岐にわたるご支援ご協力をいただいた。ここに深く御礼を申し上げる。

　このプロジェクトと、大和橋を応援いただいた多くの方々は大和橋への愛情に満ち溢れる方々であると思っている。今後とも大和橋再生への活動が継続、継承、そして大きく成長できるように応援をお願い申し上げ、謝辞としたい。

　最後に、この本を編むに当たっては、京阪奈情報教育出版の住田幸一社長、特に、加藤なほ編集者には取材活動から編集作業まで大変お世話になった。御礼申し上げる。

附表・なら橘プロジェクト推進協議会　活動の歩み

2011年（平成23年）
　秋　・大和郡山市で大和橘を使った地域おこし構想起動
2012年（平成24年）
　4月　・大和橘の苗発注と植樹開始（尼ヶ辻）
　　　・菜の花プロジェクトのメンバーも県内各地で植樹を開始。
　5月　・タチバナ研究会発足（大和郡山市治道事務所）（21日）
　9月　・橘街道プロジェクト第1回広域ネットワークキーパーソン戦略会議（25日）
　　　・大和橘の講演会（大和郡山市治道公民館）
　　　・橘オーナー募集開始（尼ヶ辻）
　12月　・橘街道プロジェクト第2回広域ネットワークキーパーソン戦略会議（8日）
2013年（平成25年）
　1月　・中ツ道（橘街道）を橘の並木道に構想検討
　3月　・橘の自生地鳥羽市「答志島」を訪ねる
　　　・中ツ道沿いで大和橘の植樹祭（大和郡山市石川町にて。市長他80名参加）（3日）
　　　・利休忌お茶会「橘樹の会」（尼ヶ辻）
　4月　・尼ヶ辻フィールドに、橘植樹 78本
　5月　・県の指導による橘の接ぎ木講習会受講
　6月　・大和郡山市アイデアサポート事業に支援金交付決定

9月　・吉武利文氏を迎えて研修会（15日）
・『歌劇★ビジュー』のメンバーが尼ヶ辻フィールド見学
・明日香村で橘の研修会が開催される
・橘の腕輪の再現（横浜市在住のオーナー）
・奈良県環境県民フォーラム「県内の菜の花と橘の活動報告」
・講演会「橘で未来を切り開く」吉武利文氏
11月　・通販で購入した橘苗が四季橘（カラマンシー）と判明
・三重県鳥羽ツアー（関西の橘街道プロジェクト参加メンバーによる鳥羽市の橘植樹地と答志島の橘自生地見学会）
12月　・橘の実を使った商品化を披露（マーマレードやジュースの試食会）
・なら橘プロジェクトのＨＰ完成
・沼津市戸田地区訪問。橘の先進地視察と橘の実の収穫作業に参加（18日）
・静岡市果樹研究所興津拠点訪問（19日）橘の栽培方法などの助言を得る。

２０１４年（平成26年）
1月　・橘街道プロジェクトが始動（ロゴマーク商標登録申請）
2月　・広瀬大社の砂かけ祭りで橘茶を奉納
・「橘づくし」の薬膳料理試食会（桜井市長谷「いってん」オオニシ恭子氏による）
・橘を使った和菓子製品化　大和郡山市「本家菊屋」４種類の和菓子を披露
4月　・歴史的風土特別保存地区「山の辺の道」沿いで「大和橘」を植樹開始（天理市

柳本町と渋谷町にて）
5月　・平成27年度なら農商工連携ファンド事業助成金交付決定
・「平城京天平祭2014」で、なら橘プロジェクトがデビュー
・田道間守の命日　橘寺での「橘祭」に参列。橘街道プロジェクトが協力
6月　・大和橘の社寺奉納活動はじまる（法華寺、西大寺、福智院など）
・橘街道プロジェクト推進協議会が内閣府の地域活性化モデルケースに選定される
・大和橘に多く含まれるノビレチンには、認知症の予防効果があるとの研究報告があることが分かる。東北大薬学部などによる共同研究
・大和橘オーナーズクラブの会員を募集（尼ヶ辻のオーナー制からなら橘プロジェクトとしてのオーナー制募集開始）
・大和郡山市食と農をつなぐまちづくり事業に支援金交付決定
8月　・内閣府による地域活性化モデルケースのカウンセリング
9月　・高知県四万十町「エコロギー四万十」を訪問。橘の精油の抽出に成功
・大阪府羽曳野市市民大学講座「羽曳野市の木、橘」から「はびきの橘プロジェクト」発足
・西大寺で講演会「古代の橘と仏教」と大茶盛
10月　・山の辺の道沿いで菜の花の種まき参加（第16回全国菜の花サミット奈良大会に向けて）
11月　・「天理環境フォーラム2014」に出展（テーマ「山の辺の道沿いの里山資本を活かした地域づくり」奈良、天理、桜井各市長による鼎談。橘プロジェクト

は里山資本を活かしたモデル活動として評価される。）
12月 ・第1回大和橘収穫祭。大和郡山市治道公民館
2015年（平成27年）
2月 ・「大和橘」の実、初収穫。（中ツ道の大和橘で約5kgの実を収穫）
4月 ・山の辺の道で大和橘を100本余植樹
・大安寺、元興寺、不空院へ大和橘奉納植樹
・大和郡山市「なら食の語り部」にて当プロジェクトの城会長が講演
・天理市の「ひまわり保育園」で大和橘植樹
9月 ・第2回大和橘収穫祭「静謐な年の暮れ―神奈備の杜で味わう大和橘のやまと薬膳」第1部＝『健康と薬膳』（22日）、第2部＝大和橘栽培地見学と菜の花種まき体験
10月 ・奈良市「ひとまち大学」の学園祭に出展
12月 ・大和郡山市「薬園八幡神社」で薬膳料理を味わう会（オオニシ恭子氏による薬膳料理を味わう。本家菊屋の和菓子の販売）
・大兵主神社、等彌神社、葛木御歳神社に奉納植樹
・沼津市戸田を訪問　橘自生地と戸田地区の橘を使った商品開発のようすを見学。
2016年（平成28年）
2月 ・県の指導による大和橘の剪定講習会開催

3月　・大峰山の櫻本坊で大和橘奉納植樹
　　・奈良佐保短期大学が「ならスイーツコンテスト」に大和橘を材料にしたケーキを出品。優秀賞受賞
　　・大和橘の和菓子などの限定販売始まる
4月　・京都石清水八幡宮と四国八十八ヶ所霊場第4番札所大日寺に和菓子を奉納
　　・第16回『全国菜の花サミットinやまと』に参加（山の辺の道分科会で橘フィールドの見学者案内）
5月　・橘街道（中ツ道）が地域産業資源「（3）文化財、自然風景地、温泉その他の地域の観光資源」に指定される
7月　・奈良県産業振興総合センターのバイオ・食品グループによって「橘の機能性成分の調査研究」の研究報告
9月　・「たちばなフォーラム2016　―地域活性化ビジネスに向けて！」開催。橘ブランドのさらなる展開！　奈良県文化会館にて㈳たちばなネット主催
10月　・テレビ朝日「朝だ生です！旅サラダ」オオニシ恭子先生が磯野真理子さんと薬膳料理を語る。（17日㈯）
　　・大和郡山市「第5回良い食品博覧会」で展示と講演。（やまと郡山城ホール）
　　・奈良県植栽ジャーナル「なら四季彩の庭」第3号にならば橘プロジェクトが紹介される
11月　・「天理環境フォーラム2016」にパネル展示（天理市文化センターにて）
12月　・第3回大和橘収穫祭（大和郡山市治道公民館）講演富研一氏「大和橘に秘めた資源の有効活用について」

２０１７年（平成29年）
１月　・大和郡山城「柳澤神社」に大和橘を植樹。
　　　・ＮＨＫ大河ドラマ「おんな城主直虎」スタート。なら橘プロジェクトが寄贈した大和橘が、スタジオ内で使われ始める。
　　　・奈良市の懐石料理「白（Ｔｓｕｋｕｍｏ）」で大和橘を使った料理が好評。
２月　・山の辺地区に新しいフィールド。天理市渋谷町で県有地の借用地を拡大。
　　　・近畿大学農学部の中庭に大和橘を植樹
３月　・県犬養橘三千代ゆかりの法隆寺で大和橘を奉納植樹
　　　・大和橘がクラウドファンディングＲｅａｄｙｆｏｒにデビュー「橘こしょう」制作をアピール
４月　・第27回全国菓子博覧会・三重「お伊勢さん菓子博２０１７」で本家菊屋が和菓子「橘ほの香」を出品販売。鳥羽市も橘と菓子の関りや橘を使った商品を出展
５月　・第１回大和橘の未来を考える会「橘香る季節　西大寺に集う」開催　富研一氏の講演と大茶盛体験
７月　・なら橘プロジェクトがチャレンジした「クラウドファンディングＲｅａｄｙｆｏｒ」で目標額を達成
８月　・第５回奈良まほろば産官学連携懇話会にて「大和橘の現代的意義～大和橘の再生とブランド化で奈良の環境・観光・産業の活性化～」と題した事例発表を行った。（城会長）（奈良先端科学技術大学院大学にて）
９月　・「大和橘大和橘の現代的意義について」講演（奈良氷室神社にて）
12月　・第４回大和橘収穫祭「金魚の町で収穫祭」開催。第１部：活動報告と大和橘奉

納社寺巡りの報告　第2部：富研一氏指揮による「生駒ストリングスオーケストラ」による弦楽演奏会
・大和橘による草木染めが好評（奈良市民大学「奈良フェニックス大学」の体験学習「ものづくり科」で大和橘を使った草木染講習が行われた。指導は、室生の「ふるさと元気村」の江本氏。）
・歌舞伎の橘屋第17代「市村家橘」さんが大和橘オーナーに入会。橘屋は江戸歌舞伎を支えてきた名門。家紋は橹橘

2018年（平成30年）
1月　・奈良市内のイタリア料理「リストランテ ボルゴ・コニシ」やスペイン料理「アコルドゥ」で大和橘が食材として使われ好評。香りだけでなく橘のもつ独特の苦みが食の味を引き立てるとのこと。大和橘は洋食や洋菓子にもマッチしている。香りだけでなく橘のもつ独特の苦みが食の味を引き立てるとのこと。大和橘は洋食や洋菓子にもマッチしている。
3月　・公益財団法人全国税理士共栄会文化財団より、第7期助成団体に選定される。
4月　・菜の花が満開のフィールドで鑑賞会開催（大和橘の渋谷フィールドが会場となり青空コンサートやゲームで楽しむ。）
　　・大和橘を使った化粧品の販売開始（桜井市の㈱ヴァンヴェル製品が橘を使った化粧品を開発し販売を開始。）
5月　・「第6回全国料理マスターズブランド認定コンテスト2018大会」にて「橘こしょう」が料理マスターズブランドに認定される。

6月　・日本青年会議所近畿地区協議会で「橘街道を創造して大和橘を観光資源に」を講演（城会長）京都にて
・日本青年会議所近畿地区協議会「奇跡の人材創出委員会」にて「大和橘の現代的意義」を紹介される。「橘こしょう」をブース出店　葛城市民会館にて
8月　・第2回全国和ハーブシンポジウムで、ゲスト講演（城会長）（東京にて）
9月　・第1回名木シンポジウムに参加し、大和橘について講演（城会長）㈳テラプロジェクト主催
10月　・第7回良い食品博覧会で「橘こしょう」販売ブース・インテックス大阪「第6回ファベックス関西2018」スペシャルステージにて、中東久雄氏（京都・草喰なかひがし）、川島宙氏（奈良・アコルドゥ）とトークショーに参加。
・近鉄百貨店奈良店「五感で感じる大和美フェア」にブース出店　大和橘を使った商品展示即売
・市村家橘さん夫妻が天理市柳本町の栽培地を訪問

参考文献

第1章・第2章

海後宗臣編「『日本教科書大系　近代編』25巻「唱歌」」　講談社　1965
永原慶仁「皇国史観　岩波ブックレットNo.20」岩波書店　1983
国民学校国語教科書『初等科國語二』『初等科国語 二 教師用』「五，田道問守　教材の趣旨」45頁
仲正昌樹「悪と全体主義　―ハンナ・アーレントから考える―」NHK出版　2018
「日本古典文学大系1　古事記・祝詞」岩波書店　1958
「日本古典文学大系67・68　日本書紀上下」岩波書店　1975―1976
「日本古典文学大系4～7　万葉集」岩波書店　1957―1962
「農林業センサス　2015」農林水産省　2015
藻谷浩介・NHK広島取材班「里山資本主義」　角川新書　2013
山田風太郎「山田風太郎初期作品集　橘傳来記」　出版芸術社　2008
山田風太郎「あと千回の晩飯」角川文庫　2011
吉武利文「ものと人間の文化史87　橘」法政大学出版局　1998
吉野裕子「ものと人間の文化史32　蛇　―日本の蛇信仰」法政大学出版局　1979

第3章

碧海寿広「仏像と日本人」中公新書　2018
岡本雄二・首藤明子・清水浩美「橘の機能性成分の調査研究（第1報）奈良県産業振興総合セン

ター研究報告No.42所収」奈良県産業振興総合センター　２０１６
亀井勝一郎「大和古寺風物誌」新潮文庫　１９５３
国吉賢吾・中塚雅也「特産品開発における地域固有性の獲得プロセス」(「農林業問題研究」52―3所収)」地域農林経済学会　２０１６
城健治・菊岡洋之・橘勝彦「鼎談　奈良に「大和橘」あり　―ブランド化への挑戦―(「なら産業ジャーナル」第３号所収)」奈良県地域産業振興センター　２０１５
白洲正子「私の古寺巡礼」法蔵館　１９８８
竹山道雄「古都遍歴―奈良」新潮社　１９６９
中村　稔「何が『地方』を起こすのか　―橘街道プロジェクト、戦略と戦術と方法論―」国書刊行会　２０１６
ニッセイ財団高齢社会福祉チャレンジ活動助成報告書「時空を超える地域プロジェクト　―若年認知症者と共に大和橘再生へ―」ＳＰＳラボ若年認知症サポートセンターきずなや　２０１６
柳田國男「日本の伝説」(１９２９)(柳田國男全集25巻所収)」筑摩書房　１９９０
吉武利文「ものと人間の文化史87　橘」法政大学出版局　１９９８
吉武利文「橘の香り　―古代日本人が愛した香りの植物―」フレグランスジャーナル社　２００９
和辻哲郎「古寺巡礼」岩波書店　１９５６

執筆者一覧（アイウエオ順）

大井　良子　G&L共生研究所　特任研究員（第3章）
オオニシ恭子　薬膳料理オオニシ主宰（第4章、p.103）
菊岡　洋之　株式会社本家菊屋　代表（第4章、p.122）
木村　都　G&L共生研究所　研究員（はじめに、第3章）
久保田　有　なら橘プロジェクト推進協議会副会長（第1章、第2章・第6章）
愛媛県好藤村の農家に生まれる。高校や障がい児学校の教員となり、理科教育の傍らで自然観察会の活動を奈良で始める。その縁で菜種栽培から大和橘の栽培に関わり、現在は奈良市尼ヶ辻と天理市山の辺の道周辺で農作業を担当している。
清水　浩美　奈良県産業振興総合センター主任研究員（第5章）
大阪薬科大学卒業。奈良県庁入庁後、県庁、県内保健所にて食品衛生監視員として配属。平成15年4月奈良県工業技術センター（現　産業振興総合センター）に配置換、現在に至る。県内食品製造業者の支援に携わる。

城　健治
なら橘プロジェクト推進協議会　会長（第6章・あとがき）
地域金融機関に40年勤務。地場産業の創業支援等、地域活性化に努める。現在は地域農業の存続、維持、発展の為に地域の資源である大和橘を使い、農業の7次化に取り組んでいる。

富　研一
稲畑香料株式会社（第5章）
博士（農学）。京都大学大学院農学研究科博士後期課程を修了後、2012年より近畿大学農学部で助教として5年間奉職。2017年より稲畑香料株式会社研究開発部。ハーブの栽培、抽出と分析、機能性評価という流れを通して、香りの可能性を多角的に追究している。

仲尾　浩一
なら橘プロジェクト推進協議会副会長
（はじめに、第2章）

コラム

大小田さくら子　古事記朗誦（第1章）
鎌倉の海に向かい声を出すことから始まった古事記朗誦、体から沸き起こるリズムと抑揚、それを「やまとかたり」と名付け、神社仏閣での奉納朗誦を行う。また、古事記や神話、発声法、大和言葉や朗読の講座を多数開催し、古の言葉の魅力を伝える活動を行っている。奈良在住。著書「やまとかたりあめつちのはじめ」（冬花社）他。

橘　久美子　大和橘オーナー（第3章）

よみがえれ！大和橘
〜絶滅の危機から再生へ〜

2018年12月2日発行　初版第一刷発行
2020年８月1日発行　２版第一刷発行

監　修：なら橘プロジェクト推進協議会
発行所：京阪奈情報教育出版株式会社
〒630-8325
奈良市西木辻町139番地の６
URL：http://narahon.com/　Tel:0742-94-4567
印　刷：共同プリント株式会社

ISBN978-4-87806-511-8

あをによし文庫　創刊の辞

かつてシルクロードの終着地であった奈良には、広大な砂漠を越え、海を渡り、遥か西方の国々から様々な文化が漂着しました。それらの異文化は、日本人の繊細で豊かな感性によって咀嚼されることで、日本独自の文化として育まれ、奈良はかつてない文化豊穣の地として栄えます。千三百年前、都が築かれ、文化情報の発信地として繁栄を極めた奈良は、しかし、その後の大きな時代のうねりの中で威信を失い、今は幾星霜の月日の下に栄華を置き忘れたまま静穏の凪の中にあります。その昔、国のまほろば（最もよきところ）と譬えられた地を歩くとき、現代人の胸の内に去来する郷愁は、その地に日本人の心の始原があるからではないでしょうか。デジタル文化華やかな現代で、毎年奈良で開催される正倉院展に溢れる人の波に、現代人の心の深奥に熾火のように眠っているロマンへの希求を思います。
今日、奈良の魅力を語るあまたの書物が世に溢れていますが、残念ながら、地元からの情報発信はまだまだ少ないと言わざるを得ません。二〇一〇年の平城遷都一三〇〇年祭を控え、かつて日本文化の担い手であった奈良の復権の思いを込めて、ここに「あをによし文庫」を創刊いたします。このささやかな文庫の積み重ねが、日本人の心の豊かな源泉を発掘するものであることを願っております。

二〇〇九年一月

京阪奈情報教育出版株式会社